Dorette Segschneider
Mission Mensch

Dorette Segschneider

# Mission Mensch

## Warum manche zum Mars fliegen und andere auf die Palme gehen

Mentoren-Verlag

*Für meine mutigen Klienten, meine wunderbare Familie und Wegbegleiter.*
*Nur mit euch ist die »Mission Mensch« Realität geworden.*

Der Verlag weist ausdrücklich darauf hin, dass im Text enthaltene externe Links vom Verlag nur bis zum Zeitpunkt der Buchveröffentlichung eingesehen werden konnten. Auf spätere Veränderungen hat der Verlag keinerlei Einfluss. Eine Haftung des Verlags ist daher ausgeschlossen.

Bibliografische Information der Deutschen Nationalbibliothek
Die Deutsche Nationalbibliothek verzeichnet diese Publikation in der Deutschen Nationalbibliografie; detaillierte bibliografische Daten sind im Internet über http://dnb.d-nb.de abrufbar.

1. Auflage

Königsberger Str. 16, 55218 Ingelheim am Rhein

Umschlaggestaltung: Nadine Nagel, Mainz
Lektorat/Korrektorat: Claudia Segschneider-Neitzel, Bad Neuenahr-Ahrweiler und Lea Münch, Bad Neuenahr-Ahrweiler
Schlussredaktion: Dorette Segschneider, Wiesbaden und Claudia Segschneider-Neitzel, Bad Neuenahr-Ahrweiler
Satz und Layout: Deniz S. Özdemir, Mainz
Grafiken: LINC GmbH – Prof. Dr. Martin Puppatz und Dr. Ronald Franke, Lüneburg
Autorenfoto: Ben Schulz & Partner AG – Uwe Klössing, Dillenburg-Frohnhausen

ISBN: 978-3-98641-185-5



www.mentoren-verlag.de

# Inhaltsverzeichnis

# Vorwort
## Christina Oster Daum

*cosnova Founder*

Mit »Mission Mensch« öffnet Dorette uns die Tür zu ihrer äußerst erfolgreichen Coaching-Welt, die ich seit vielen Jahren in der Zusammenarbeit mit ihr erlebe. In einer Zeit, in der es unzählige Coaching-Angebote gibt, habe ich mich für Dorette und ihre Methodik entschieden, die sie in ihrem Buch sehr praxisnah und authentisch beschreibt.

Was ich besonders schätze, ist die perfekte Kombination aus über 20 Jahren Coaching-Erfahrung, dem Einsatz von evidenzbasierten Methoden wie dem LINC Personality Profiler, ihrem fundierten ökonomischen Background und einem besonderen Fokus auf menschliche Verbindungen. So schafft Dorette in ihren Coachings, genau wie in ihrem Buch beschrieben, eine wunderbare Symbiose zwischen Hochleistung und Menschlichkeit. Dabei geht sie mit gutem Beispiel voran – hinterfragt sich immer selbst und arbeitet regelmäßig mit einem Coach.

Persönlich verfügt Dorette über eine scheinbar unendliche Neugierde, den Menschen zu verstehen und anzunehmen, wie er ist. Ihr großes Commitment und ihre Passion, gemeinsam mit dem Coachee herauszufinden, wo das jeweilige persönliche Entwicklungspotential liegt, sind besonders. Dabei bewahrt sie immer die richtige Balance zwischen notwendiger Distanz und einer Prise Provokation, gepaart mit der ihr eigenen nachhaltigen Hartnäckigkeit. Auf diese Weise bringt Dorette ihre Coachees dazu, die Komfortzone zu verlassen und eingefahrene Muster zu verändern.

Ein wesentlicher Schlüssel zu ihrer erfolgreichen Arbeit ist die stringente und konsequente Herangehensweise an die Vor- und Nachbereitung. Das ist zwar manchmal herausfordernd für den Coachee, aber äußerst effektiv. Gleichzeitig bleibt sie immer flexibel und kennt die passenden Werkzeuge, um sich auf jede Situation im Coaching einzustellen. Außerdem verfügt Dorette über viele interessante Kontakte und ist eine exzellente Netzwerkerin.

Diese Eigenschaften führen dazu, dass sie bei ihren Klienten nachhaltige Verhaltensänderungen in bemerkenswert kurzer Zeit erreicht. Ich habe Veränderungsprozesse bei mir selbst und bei Mitarbeitern beobachtet, die mit Dorette gearbeitet haben. Und glücklicherweise benötigt sie keine Jahre, um wertvolle Schlüsselpersonen zu diesen signifikanten positiven Verhaltensänderungen zu bewegen.

Letztlich zählt das Ergebnis. Zufriedenere Menschen, die ihre persönliche Weiterentwicklung als Bereicherung wahrnehmen. Ein Umfeld, das positive Veränderungen bemerkt und wertschätzt. In »Mission Mensch« lädt uns Dorette ein, genau diese Ergebnisse, die sie im Coaching liefert, selbst zu erforschen. Sie nimmt uns mit auf eine faszinierende Reise durch menschliche Veränderungsprozesse, die sie initiiert und begleitet hat. Lassen Sie sich von ihren Geschichten inspirieren.

# Vorwort
# **Julia Hartmann**

*Professor of Sustainability Management EBS, Universität für Wirtschaft und Recht*

Mit ihrem Buch »Mission Mensch« lädt Dorette Segschneider Sie auf eine Reise ein – ob auf den Mars oder die Palme, bleibt Ihnen überlassen.

Klar ist, die Rolle von Führung war noch nie so entscheidend wie heute: Regularien definieren den Begriff des unternehmerischen Risikos neu. Der makroökonomische Kontext verändert sich grundlegend, aber in welche Richtung? Und die Pandemie hat bei den Mitarbeitern spürbare Folgen hinterlassen. Kurz: Die Anforderungen an Führungskräfte und Manager sind enorm. Durch Veränderung entsteht aber auch immer Neues, und Coaching kann dabei helfen, dieses Potenzial freizulegen und für den Erfolg des Unternehmens zu nutzen.

Dorette Segschneider ist seit Jahren als Coach in den Vorstandsetagen deutscher Unternehmen unterwegs. Sie kennt sich mit der Innenwelt von Unternehmen und Managern bestens aus und navigierte ganze Führungsteams erfolgreich durch schwere Krisen. Durch den geschickten Einsatz einfallsreicher und präziser Fragen enthüllt sie ihren Coachees bislang Verborgenes und hilft ihnen so, ihre gewohnten Reaktionen zu erkennen. So können diese Neues ausprobieren und über sich hinauswachsen.

Was dieses Buch auszeichnet, sind zum einen der charmante Schreibstil und zum anderen die vielen praktischen Beispiele. Dorette Segschneider gewährt dem Leser einen Blick in ihren Arbeitsalltag.

Lebendige Bilder verschiedener Situationen machen Ratschläge und Empfehlungen erlebbar. Mit jedem Kapitel taucht der Leser in eine neue Geschichte ein, und am Ende sind die Beispiele so zahlreich und vielseitig, dass jeder etwas für sich daraus ziehen kann.

Dieses Buch ist eine Tür, eine Einladung, die nächste Etappe auf Ihrer Reise anzutreten.

# Vorwort
# **Andrea Petković**

*Ehemalige deutsche Tennisspielerin, Fernsehmoderatorin und Schriftstellerin*

Ich habe es alles ausprobiert. Ich habe mit ihnen allen zusammengearbeitet. Mit Sportpsychologen, mit Mentaltrainerinnen, mit Life Coaches, mit Psychotherapeutinnen. Die Essenz einer Leistungssportlerin – wie ich es 16 Jahre lang war – ist die Weiterentwicklung. Auf dem Platz, im Kraftraum, aber natürlich auch außerhalb des Platzes als Mensch. Jedes Fünkchen Selbstbewusstsein, das man aus sich als Persönlichkeit herausholen kann, wirkt sich auf die Leistung auf dem Spielfeld aus. Meist braucht man viele Sessions, Stunden und einen Haufen Geld bis das Gegenüber einen überhaupt kennengelernt hat. Wie tickt Andrea? Wie reagiert sie auf Stress, wie kann man sie reizen? Bevor man das nicht weiß, kann man einer Person bei der Weiterentwicklung nur bedingt helfen. Jeder Mensch und jeder Charakter sind so komplex und individuell, dass es unmöglich ist, mit Allgemeinsätzen heranzugehen.

Mithilfe der Tools, die Dorette anwendet, werden all diese Punkte des Abtastens und Kennenlernens übersprungen. Es wird keine Zeit verschwendet, es geht sofort ans Eingemachte. Das kann auch manchmal weh tun, aber nur über den Schmerz schafft man es über sich selbst hinauszuwachsen. Das zum Beispiel ist direkt mit einem Muskel vergleichbar. Damit der Muskel wächst, muss man ihm Minimalfrakturen antun. Die sind aushaltbar und genauso ist es der deep dive, den man mit Dorette eingeht. Denn nichts hilft einer Entwicklung mehr als Selbsterkenntnis.

Was ich an Dorettes Arbeit besonders mag, ist, dass sie zwar »naturgegebene« Charaktereigenschaften akzeptiert und anerkennt, sie aber nie als Hindernis sieht. Vielmehr erahnt sie darin eine Herausforderung, das spezifische Persönlichkeitsmerkmal zu nutzen, positiv umzumünzen, zu reframen würde man heute wohl sagen, und Kapital daraus zu schlagen. Für sich selbst als Mensch – was sich dann aber unweigerlich aufs Berufsleben auswirkt. Das ist im Sport wie im »normalen« Leben ganz genau gleich.

Eine der wichtigsten Sachen, die man im Sport als junge Spielerin lernt, ist, sich Dinge bei den Großen, bei den greats, abzugucken. Ich hatte das Glück in der gleichen Umkleidekabine wie Serena Williams zu sein, neben Roger Federer zu essen und Novak Djokovic als guten Freund zu haben. Bei den Besten der Welt lässt sich beobachten, was sie zu den Besten der Welt macht. Wie sie essen, wie sie trainieren, wie sie sich um ihren Körper und sich selbst kümmern. Novak Djokovic, der mein Jahrgang ist, begann mit 18 Jahren bereits zu meditieren und Yoga zu machen, in einem Alter, in dem ihn alle auslachten (und mit alle meine ich uns, seine Freunde), zu einem Zeitpunkt als Yoga und Meditation noch nicht in aller Munde war. 16 Jahre später ist er der erfolgreichste Tennisspieler, den es jemals gab. Er war schon immer der Neugierigste von uns gewesen, sich nie zu schade, etwas Neues auszuprobieren. Menschen, die Außergewöhnliches schaffen, machen Dinge manchmal anders. Das bedeutet auch angebliche Schwächen in Stärken umzuwandeln.

Und genau hierbei können Dorette und dieses Buch, das sie geschrieben hat, helfen. Einerseits erlaubt es die Schlüssellochperspektive, die ich bei Serena, Roger und Novak einnehmen durfte. Dorette beschreibt eindrücklich anhand von vielen plastischen Beispielen wie ihre Methode bei der Persönlichkeitsentwicklung hilft. Andererseits gibt Dorette uns den Mut, Sachen auch mal ein wenig anders zu machen. Denn Menschen, die Außergewöhnliches schaffen (oder vielleicht schaffen müssen), machen Dinge manchmal anders.

Ich wünsche Ihnen viel Freude bei der Entdeckungsreise »Mission Mensch«.

# Kapitel 1
# Einleitung

*»Ich plane immer bis zum Mars, damit ich auf dem Mond ankomme!«*

Und? Was macht dieser Satz mit Ihnen? Spornt er Sie an? Oder legen Sie ihn gleich ab in die Schublade: unrealistisch? Wie sind Sie »gefusselt«? Eher Typ Mars, wäre der Mond was für Sie, oder bleiben Sie grundsätzlich lieber auf dem Boden?

Ich gehöre – zugegeben – eher zur Mond-Persönlichkeit. Als sehr fantasievoller Mensch habe ich zwar eine äußerst reichhaltige Vorstellungskraft und liebe es, die Realität mal hinter mir zu lassen und die Gedanken auf Reisen zu schicken. Die Marsmission wird dann jedoch jäh ausgebremst von meiner Hauptmotivation Sicherheit.

Ganz anders Nicolas, 21 Jahre, Physik- und Mathematikstudent an der University of Warwick – als großer Enthusiast mit niedrigem Sicherheitsbedürfnis zählt für ihn nur eins: große Ziele – also mindestens bis zum Mars.

Sie wollen endlich lernen, zum Mars zu fliegen oder weiter auf die Palme gehen? Sie wollen sich weiterentwickeln oder lieber in Ihrer Komfortzone gemütlich verharren? Sie wollen lange geplante Vorhaben endlich in die Tat umsetzen oder weiter Frust schieben, dass das Zuviel Ihren Alltag bestimmt? Sie wollen den wettbewerbsorientierten Kollegen endlich mal selbstbewusst in die Augen sehen und leichtfüßig ins Marsshuttle einsteigen? Sie wollen endlich raus aus dem Tagestrott und Zeit finden für die wirklich relevanten Zukunftsthemen? Die negativen Gedankenschleifen in der Nacht ad acta legen können? Top vorbereitet durch die nächste Krise kommen?

Okay – dann lassen Sie sich doch einfach ein auf die Reise zur faszinierenden Welt unserer Persönlichkeit. Was gibt es Spannenderes, als zu verstehen, wie unsere Psyche funktioniert und warum wir uns so verhalten und fühlen, wie wir es tun?

## Der Blick durchs Schlüsselloch

Dieses Buch blickt durchs Schlüsselloch – hinter die Kulissen und in die Seelen erfolgreicher Menschen. Von anderen zu lernen, ist ein echter Erfolgsbooster. So ist dieses Buch für den einen möglicherweise die lange gesuchte Reiseanleitung zum Mars, für den anderen der Kompass, nicht auf die Palme zu gehen. Vor allem ist es ein wertvoller Leitfaden für alle, die Verantwortung tragen, Vorbild sind und Orientierung geben: für Leader (Unternehmer, Geschäftsführer, Vorstände, Führungskräfte aller Art) und für jeden, der andere und sich selbst erfolgreich führen will.

Entdecken Sie beim Lesen die Landkarte Ihrer Persönlichkeit, und lernen Sie, besonders in schwierigen Alltagssituationen den besten Weg im verzweigten Netz Ihrer Charakterzüge, Motive und Kompetenzen zu finden. Freuen Sie sich darauf, mit den Herausforderungen des Business-Alltags mit einer neuen Qualität von Souveränität und Zielstrebigkeit umzugehen.

Sie fragen sich spätestens jetzt: Welche Art von VR-Brille soll mir hier aufgesetzt werden? Was sollte mich näher zu Mond oder Mars bringen und mich endlich nicht mehr auf die Palme gehen lassen? Vielleicht denken Sie: Meine Herausforderung ist so komplex – ich habe schon so viel versucht und nichts hat nachhaltig funktioniert. Oder Sie scheuen sich schlichtweg, an die »eigenen Themen« ranzugehen und »basteln« weiter an den dringenden Themen in Ihrem Unternehmen – schließlich kann die Veränderung nicht warten. Halt: Die von außen sichtbare Veränderung oder – in »Buzzword« gesprochen – Transformation Ihrer Organisation gelingt nur, wenn sie von einer inneren Veränderung begleitet wird. Diese startet bei Ihnen als

Leader. So wie bei allen, von denen in diesem Buch die Rede sein wird.

## Alles beginnt … bei mir

Jede Geschichte ist ein gelebtes Beispiel von (Selbst-)Erkenntnis im herausfordernden Leadership-Alltag der anspruchsvollen Business-Welt. Sie alle haben sich darauf eingelassen, die eigene Situation zu reflektieren. Aus der psychologischen Wissenschaft wissen wir, dass Reflexion die Basis und gleichzeitig der Booster für Veränderung ist. Wer sich selbst reflektiert, kann innere Prozesse – wie z. B. Ohnmacht gegenüber Überforderung im Business-Alltag – sichtbar machen und auflösen. Je genauer Sie Ihre eigenen Muster über Selbstwahrnehmung (nimm dich selbst wahr führt zu: Mach dich dir deiner selbst bewusst) entdecken, desto selbstbewusster werden Sie. Wer seine eigenen Muster erkennt, dem fällt es leichter, Veränderungen umzusetzen.

## Wir brauchen klare Sicht

Veränderung braucht Klarheit – davon bin ich überzeugt. Klarheit ist Ihr Schlüssel zum Erfolg – Unklarheit Ihr größter Widersacher. Grund für mangelnde Klarheit ist oft Überforderung. Ein Gefühl, das insbesondere die Entscheidungsträger im Top-Management in einer Welt zunehmender Komplexität und Geschwindigkeit kennen – das Ausmaß sprengt alle bisher bekannten Grenzen.

Die Veränderungsprozesse, die wir gegenwärtig beobachten, sind in ihrer Beschleunigung und ihrem Umfang ohne Beispiel. Dynamik und der Charakter dieser Umwälzungen in unserer unsteten Welt übersteigen alle bisherigen Vorstellungen. Klarheit avanciert zur zentralen Ressource, um die erforderliche Agilität, das Engagement und die passende Motivation zu entfalten, die entscheidend sind, um in einer sich rapide wandelnden Landschaft zu bestehen.

Führungskräfte, wie alle Top-Leader, sind gefordert, der Komplexität im stetigen Wandel zu begegnen. Sie sind aufgerufen, selbst als Treiber des Wandels aufzutreten und Veränderungsprozesse zu stimulieren, um ihre Position am Markt zu behaupten. Dies ist keine Einzelaufgabe – es erfordert gemeinschaftliche Bemühungen und eine klare Orientierung. In meinen Coachings geht es deshalb immer darum, genau diese Klarheit zu schaffen.

Klarheit ist Ihr Kompass, der Ihnen eine bessere Entscheidungsfindung ermöglicht. Sie ist das Medium, das eine effektive Kommunikation auf allen Ebenen fördert. Klarheit ist der Leuchtturm, der Ihnen hilft, den Fokus auf das Wesentliche zu legen. Sie ermöglicht es Ihnen, Ihre Ziele und Prioritäten klar zu definieren und den richtigen Weg einzuschlagen.

Klarheit ist auch das Instrument, das Ihnen hilft, Konflikte und Probleme auf den Punkt zu bringen und Lösungen zu entwickeln. Sie schafft Vertrauen und Glaubwürdigkeit, sowohl intern als auch extern. Schon nach wenigen Wochen der Zusammenarbeit erlangen meine Klienten die Klarheit, die Sie anstreben. Sie stellen fest, dass es ihnen aus einer Haltung heraus, die von Klarheit geprägt ist, leichter fällt, anspruchsvolle Entscheidungen zu treffen – auch unter Druck.

## Was will ich – und will ich es wirklich?

Ein intensiver »Action-Reflection-Prozess« ist die Basis meiner Arbeit. Meine Klienten »müssen« sich entscheiden (wenn sie mit mir zusammenarbeiten wollen), diesem Prinzip zu folgen. Mehr über meine Coaching-Methode erfahren Sie im Kapitel 52. Ich bin davon überzeugt, dass Veränderung im Leben neben Klarheit v. a. eine Frage der persönlichen Entscheidung ist. Entscheide ich mich dazu, bspw. ab sofort den Morgen mit 30 Minuten Fokuszeit zu starten, oder nicht? Entscheide ich mich, dreimal die Woche 25 Minuten zu joggen oder nicht? Wenn ich mich z. B. gegen das Joggen entschieden habe, muss ich akzeptieren, dass meine Fitness in den Keller geht. Wenn ich weiterhin ohne Fokuszeit durch den Tag gehe, muss ich akzeptieren, dass das Zuviel meinen Alltag bestimmt usw. Letztendlich geht es immer darum, die Konsequenzen der Entscheidungen, die ich treffe, selbst und bewusst zu tragen.

Wenn ein Klient vor mir sitzt und über die Dramatik seiner Situation im Business klagt, ist meine zugegeben etwas provokative Antwort häufig: »Es gibt in Deutschland keine Zwangsarbeit. Warum sitzen Sie noch an dem Schreibtisch?«

Durch das Coaching lernen die Klienten neue Wege zu gehen – die eigene Landkarte besser lesen zu lernen und sich so besser im Leben zurechtzufinden. Modernes Persönlichkeitscoaching, das auf empirischer Diagnostik beruht (die ich in meinen Coachings anwende) und sich an objektiven Daten und Fakten orientiert, unterstützt diesen Prozess maßgeblich.

Und so ist dieses Buch – ganz nebenbei – auch eine Hommage an das weltweit am besten validierte Persönlichkeitsmodell der sogenannten »Big Five«, das die fünf Hauptdimensionen der menschlichen Persönlichkeit erfasst.

Mit der Frage, wie die wissenschaftlichen Erkenntnisse im Beratungs- und Coaching-Alltag wirksam werden könnten, haben sich über viele Jahre Prof. Martin Puppatz und Dr. Ronald Franke vom LINC Institute befasst. Im Ergebnis haben Sie ein komplexes Tool entwickelt (LINC Personality Profiler, LPP), das die Verknüpfungen der »Big-Five«-Charaktere mit den uns treibenden Motiven und den uns befähigenden Kompetenzen abbildet. In den meisten Fällen, die ich in diesem Buch schildere, habe ich den LPP eingesetzt. Wer mehr über den LPP wissen will, erfährt die Grundlagen in Kapitel 3. Alle anderen lesen einfach ab Kapitel 4 weiter.

## Wozu »das alles«?

»What's in for me?«

Das werden Sie jetzt erst recht fragen. Schön und gut, dass es noch ein Buch zum Thema »Persönlichkeit« gibt – wie kann ich davon profitieren? Lesen Sie einfach los! Tauchen Sie ein in die Geschichten aus dem Business-Alltag, wie Sie ihn aus eigenem Erleben mit der gesamten Vielfalt der Herausforderungen kennen. 50 Lifestories aus dem Persönlichkeitscoaching erzählen Erfolgsgeschichten und geben einen tiefen Einblick in das Innerste (Seele, Gehirn und Psyche) von außergewöhnlichen Persönlichkeiten – Unternehmern, Vorständen, Sportlern, Privatpersonen – kurzum Menschen, die täglich in den unterschiedlichsten Bereichen Spitzenleistung bringen.

Die Geschichten geben den Blick frei – Stichwort »Schlüsselloch« – und nehmen Sie mit in meinen Maschinenraum der Coaching-Begleitung. Anhand zahlreicher Beispiele und praktischer Tipps erhalten Sie eine gute Vorstellung davon, wie man nachhaltige Gewohnheitsänderungen effektiv umsetzen kann, um so seine Ziele zu erreichen und ein erfülltes Leben zu führen. Ob das auch Ihnen gelingen kann? Das liegt allein an Ihnen und Ihrer ganz persönlichen Entscheidung (s. o.)!

Ich bin der tiefsten Überzeugung, dass die Mars-Mission jedem gelingen kann. Auch Ihnen! Lassen Sie sich überraschen ...

# Kapitel 2
# Das Persönlichkeitsmodell »Big Five«

Sind auch Sie neugierig darauf, mehr über Ihre eigene Persönlichkeit zu erfahren? Möchten Sie herausfinden, wie Sie Ihren Veranlagungen, Wesensarten und Eigenheiten auf die Spur kommen können? Möchten Sie mehr erfahren über die Motivatoren, die Sie treiben, die Ihnen die Energie liefern, jeden Tag Ihr Bestes zu geben? Möchten Sie wissen, welche Fülle an Kompetenzen Sie haben, die Ihnen das notwendige Rüstzeug auf dem Weg zu Ihren persönlichen Zielen liefern? Und welche Charaktereigenschaften z. B. dafür verantwortlich sind, dass Sie lästige Dinge gerne auf die lange Bank schieben oder nachts Probleme wälzen, während der Kollege pragmatisch die größten Herausforderungen löst? Dann lassen Sie sich ein auf einen Ausflug in die Theorie der Persönlichkeitsanalyse – genauer gesagt, in die Theorie der »Big Five«.

## Es wird komplex: Es menschelt …

Es gibt nur wenige Dinge, die komplizierter oder komplexer sind als die menschliche Persönlichkeit. Es menschelt überall. Psychologen haben deshalb versucht, Persönlichkeit genau zu beschreiben und zu kategorisieren. Das weltweit anerkannteste und am meisten erforschte Modell heißt »Big Five«. Es hat sich seit Beginn der 90er-Jahre als führend in der Persönlichkeitspsychologie durchgesetzt und ist bis heute die Methode in der Persönlichkeitsdiagnostik und auch ein Qualitätsmerkmal professioneller Persönlichkeits-Assessments.

Es besteht ein allgemeiner, durch die Forschung gestützter Konsens darüber, dass die »Big-Five«-Eigenschaften eine nützliche und effektive Methode sind, über Persönlichkeit nachzudenken (McCrae & Costa, 1990; McCrae & John, 1992). Dieser Konsens stützt sich u. a. auf die wissenschaftliche Erkenntnis, dass diese Eigenschaften beständig sind. Sie sind über lange Zeiträume hinweg recht stabil (Cobb-Clark & Schurer, 2012).

Zum Beispiel das persönliche Maß an *Extraversion* oder *Introversion*. Sich mit anderen gerne auszutauschen und in Interaktion mit anderen zu handeln (eher extrovertiert) oder die Konzentration mehr auf sich selbst zu richten und »stiller Beobachter« zu sein (mehr introvertiert), bleibt im Laufe unseres Lebens i. d. R. im Wesentlichen gleich. Außergewöhnliche Ereignisse, wie z. B. eine traumatische Erfahrung, die das geändert haben könnte, außen vor gelassen.

## Blick durchs Schlüsselloch – ganz konkret

Im Folgenden gebe ich Ihnen als konkretes, praktisches Beispiel gerne einen Einblick in meine ganz persönliche Kombination von »Big-Five«-Eigenschaften: So bin ich von Natur aus sehr innenorientiert und habe ein hohes Anspannungsniveau. Das war während meiner Zeit als TV-Moderatorin einer Wirtschaftssendung (über 20 Jahre), in der ich über 1000 Menschen live vor der Kamera interviewt habe, ein echter Stressfaktor und später sogar »Stolperstein«. Gleichzeitig verfüge ich über hohe Leistungsorientierung (als Ausprägung von *Gewissenhaftigkeit*) und ein hohes Maß an Empathie (ebenso ein Element der »Big Five«: *Kooperation*). Diese Eigenschaften haben mir als TV-Moderatorin beste Dienste geleistet und mich befähigt, neugierig, immer sehr gut vorbereitet und vor allem mitfühlend mit meinen Interviewgästen und ihrer Aufgeregtheit vor der Kamera umzugehen. So hatte ich durch meinen eher introvertierten und sehr sensiblen Charakter sehr viel Verständnis für die Nervosität meiner Interviewgäste vor und während der TV-Livesendung und konnte sie schon damals, noch bevor das »Rotlicht« anging, empathisch begleiten und ihnen ihre Ängste nehmen.

Zugleich war ich aufgrund meiner hohen Sensibilität und meiner hohen Anspannung am Anfang meiner Karriere oft selbst sehr aufgeregt vor der Kamera und habe erst über intensives Coaching gelernt, damit entspannt umzugehen. Ich weiß aus eigener Erfahrung: Veränderung ist jederzeit möglich! Meine hohe Disziplinorientierung war (und ist) ein Segen – sie unterstützt mich beim Dranbleiben an Veränderungsprozessen. Meine Leistungsorientierung hat übrigens dazu geführt, dass ich auf manche zu ehrgeizig wirkte (die sehr gute Vorbereitung war ja auch mit Zeiteinsatz für meine Interviewgäste verbunden).

## Erfolg braucht (auch) langen Atem

Jede Medaille hat eben ihre zwei Seiten. So hatte meine hohe Kooperationsfähigkeit (und damit fehlende Wettbewerbsorientierung) oftmals zur Konsequenz, dass ich im Zweifel auch »ungute« Kompromisse einging. Gemeinsam mit einem Coach bin ich über die Jahre meinen Mustern auf die Spur gekommen und habe im Laufe der Zeit gelernt, wettbewerbsorientiert aufzutreten und mich bei Bedarf besser abzugrenzen. Der Weg dahin war mühsam und von dem einen und anderen Rückschlag gezeichnet. Die intensive Arbeit an meinen Herausforderungen hat dazu geführt, dass ich heute die Souveränität ausstrahle und lebe, die meine Klienten fasziniert. Besonders herausfordernd war das Arbeiten an meinem (zu) hohen Anspannungsniveau (eine Facette des Eigenschaftspaares *Sensibilität/emotionale Stabilität*).

Nach 15 Jahren »live on air« vor der Kamera erlitt ich mitten in einer Livesendung eine Panikattacke – weil ich mir über viele Jahre immer vor der Sendung ausgemalt hatte, wie peinlich es wäre, wenn ich vor laufender Kamera versage. Dieser innere »Film« hat sich dann irgendwann verselbständigt und ist Realität geworden. Eine Erfahrung, die unendlich wertvoll für mich war! Ich war dadurch endlich gezwungen (ja, auch ich brauchte diesen Schubs), mich dieser Herausforderung zu stellen in einem intensiven Coaching- und Reflexionsprozess.

Als Konsequenz habe ich die Entscheidung getroffen, täglich mindestens 25 Minuten zu meditieren, um mein hohes Anspannungsniveau (= negatives Kopfkino) nachhaltig zu besänftigen. Verbunden mit einer neuen Haltung, nicht zu streng mit mir selbst zu sein, meine eigenen Bedürfnisse nach Erholung, Entspannung und Pausen ernst zu nehmen, kann ich heute diese sehr erfolgreiche Reise zum entspannten Auftritt an meine Klienten weitergeben.
Und Sie so?

Okay, genug der langen Vorrede – Sie sind dran. Was sagen Sie? Sind Sie eher ein introvertierter oder ein extrovertierter Mensch? Gehören Sie zu denen, die andere begeistern können – und dies auch gerne tun –, oder schauen Sie sich die Dinge lieber aus sicherem Abstand an und machen sich Ihre eigenen Gedanken dazu?

Wie angespannt sind Sie? Gehen Sie die Dinge eher vorsichtig an und haben immer gleich die potenziellen Risiken vor Augen? Dann ist Ihr Anspannungsniveau vermutlich eher hoch. Oder fragen Sie sich oft, warum alle anderen so gestresst sind? Das könnte ein Hinweis darauf sein, dass Sie ein niedriges Anspannungsniveau haben. Die Vielfalt der Erkenntnisse ist unendlich.

Da Sie dieses Buch lesen, sind Sie auf jeden Fall offener für Veränderung als andere, aber wie offen für neue Erfahrungen sind Sie wirklich?

Bleiben wir beim »Pärchen« *Extraversion/Introversion* und betrachten das Beispiel eines Klienten, der zu mir ins Coaching kam. Thorsten K., mit geringer *Extraversion* und hoher *Sensibilität*, der bereits mehrere Jahre lang als Direktor einer Kommunikationsagentur arbeitete. Lange Zeit empfand er seine Tätigkeit aufgrund seiner Innenorientierung und sozialen Empfindsamkeit als sehr stressig und ermüdend. Der hohe Zeitdruck im Arbeitsumfeld, die intensive Interaktion mit anderen und seine Sorge, etwas nicht bedacht oder ein Risiko übersehen zu haben, liefen vor allem seiner gering ausgeprägten *Extraversion* zuwider. Er stand kurz davor, sich eine andere Aufgabe zu suchen, obschon er seine Arbeit »eigentlich« liebte, weil sie seine Kreativität förderte und zugleich forderte.

Mit der Erkenntnis seiner persönlichen »Big-Five«-Konstellation verstand er plötzlich, warum ihn ein und dieselbe Aufgabe gleichermaßen glücklich und unglücklich machte. Mithilfe des gezielten Coachings gelang es ihm, das hohe Maß an sozialer Interaktion, das seine Arbeit erforderte, tolerieren zu lernen und manchmal sogar zu genießen. Er bevorzugt zwar nach wie vor eine Arbeit, die weniger aufregend und weniger schnelllebig ist, ist aber dankbar dafür, dass er Verhaltensweisen entwickelt hat, seine extrovertierte Seite zu stärken, die Vorteile des Austauschs mit anderen gerade zugunsten wachsender Kreativität zu nutzen und mit Freude zu leben.

## »Big Five« und immer wieder »Big Five«

Grundlage für den erfolgreichen Veränderungsprozess waren die Erkenntnisse, die mein Klient aus der »Big-Five«-Analyse gezogen hat. Das Beispiel (und viele weitere, die in diesem Buch folgen) zeigt deutlich: Die »Big Five« ermöglichen treffsichere Vorhersagen über die Persönlichkeit und damit auch über das Verhalten von Menschen und sind so ein wertvolles Instrument für die eigene Veränderung oder neudeutsch: Transformation.

Und wenn Sie den Blick von sich selbst weg hin zu denjenigen richten, für die Sie Verantwortung tragen, können Sie sich die »Big Five« ebenso in Form von Teamchecks zunutze machen. Das Zusammenstellen der passenden, einander ergänzenden Teams vermeidet unnötige Reibungsverluste und führt für alle Beteiligten zu einem ungeahnten Zufriedenheitszuwachs. Ebenso unterstützt eine systematische »Big-Five«-Analyse – wie z. B. der LPP-Candidate-Check – einen erfolgreichen Recruiting-Prozess. Er liefert wertvolle Informationen für die »Passung« zwischen Kandidaten und Position.

Auch im anschließenden Onboarding-Prozess und/oder in der Führungskräfteentwicklung: Immer stellen Sie mit den »Big Five« den Menschen und seine Persönlichkeit in den Mittelpunkt.

Die »Big-Five«-Persönlichkeitsmerkmale haben sich für mich als wirksames Modell erwiesen, um zu verstehen, wie Menschen sich verhalten, und über einen Reflexionsprozess Veränderung möglich zu machen. Mit diesem Buch möchte ich Ihnen die Möglichkeit eröffnen, an den vielfältigen Erkenntnissen und Erfolgen aus meinem beruflichen Erfahrungsspektrum teilzuhaben. So manches Beispiel »mitten aus dem Leben« von Menschen erlebt, die – wie vielleicht Sie – die Grenzen ihres Handelns, Wirkens und der damit verbundenen Weiterentwicklung erkannt haben. Und von Menschen, die – wie ganz sicher Sie, der/die Sie dieses Buch lesen – neugierig waren, mehr über die Facetten ihrer Persönlichkeit, ihr eigenes Verhalten und das der Menschen, die sie umgeben, zu erfahren. Was das mit ihnen gemacht hat, was sie daraus für sich gemacht haben, was Sie daraus für sich machen könnten – finden Sie in den nächsten Kapiteln –, lesen Sie einfach weiter.

# Kapitel 3
# Eine perfekte Liaison

Die wunderbare Allianz des »Big-Five«-Modells mit dem LPP ist für mich eine perfekte Symbiose, die meine Arbeit auf ein neues Level gehoben hat. Im LPP werden die »Big Five« in für mich immer wieder erneut faszinierender Art und Weise zum Leben erweckt. So kommt es nicht von ungefähr, dass er in diesem Buch eine große Rolle spielt.

## Was macht den LPP so besonders?

Ein Stück weit könnte man sagen, der LPP hat das Persönlichkeitsmodell »Big Five« »neu erfunden«. Die »klassische« Version der »Big Five« bezieht sich auf – wie der Name schon sagt – fünf Charakterdimensionen. Dabei liegt der Fokus allerdings jeweils nur auf einer der Ausprägungen der oben vorgestellten Gegensatzpaare.

In der Wissenschaft wird daher schon länger diskutiert, wie man das »Big-Five«-Modell zeitgemäßer gestalten kann. Ein Vorschlag ist die Einführung einer zweipoligen Ausprägung, bei der nicht nur z. B. die Hauptdimension *Extraversion*, sondern auch deren Gegenspieler *Introversion* konkret gemessen wird. Genau diese – einleuchtende – Überlegung wurde bei der Entwicklung des LPP berücksichtigt und aktiv umgesetzt.

In der Praxis sieht das so aus: Der LPP hat einen exklusiven Online-Fragebogen, der die fünf Persönlichkeitsfaktoren bipolar misst und damit ein besseres Verständnis der individuellen Merkmalsausprägungen ermöglicht. Um das Modell alltagstauglicher und zugänglicher zu machen, wurden zudem positive Formulierungen gewählt, die dazu beitragen, dass die Anwendung in der Praxis leichter fällt und jeder seine individuellen Merkmale wertschätzend gespiegelt bekommt.

Das »Big-Five«-Modell des LPP besteht im Grundsatz aus den fünf Hauptcharakterpaaren, die sich ihrerseits aus unterschiedlichen Facettenpaaren zusammensetzen. Gemessen werden nicht nur die beiden jeweils einander gegenüberliegenden Charakterpaare, sondern auch die jeweils sechs Facettenpaare darunter.

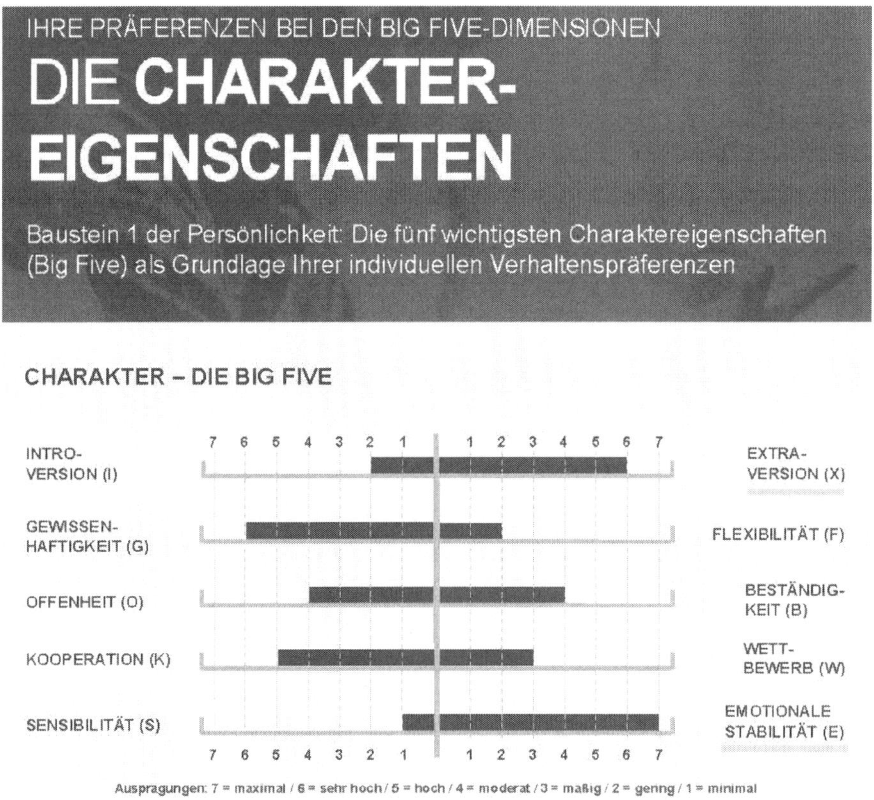


Abbildung 1: Die fünf wichtigsten Big-Five-Charaktereigenschaften
*(Auszug aus dem LINC PERSONALITY PROFILER)*

Das Ergebnis ist eine umfassende Analyse der Persönlichkeit auf Basis des besten und fundiertesten Persönlichkeitsmodells der Psychologie. Die folgende Grafik zeigt eine Facettenübersicht am Beispiel des Paares *Introversion/Extraversion.*

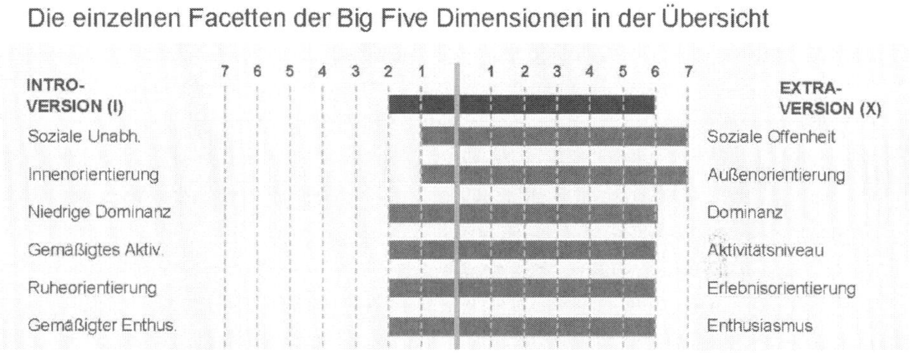


Abbildung 2: Die einzelnen Facetten der Big-Five-Dimensionen
*(Auszug aus dem LINC PERSONALITY PROFILER)*

Aus den Facetten entspringen die individuellen Verhaltensweisen und Denkmuster, die sich optimal für Veränderungscoaching eignen.

Der LPP grenzt sich klar von Typentests ab. Es ist für mich wichtig, darauf näher einzugehen. In der Praxis erlebe ich es nach wie vor, dass Typentests unternehmensweit eingesetzt werden. Typologische Tests sind unwissenschaftlich und versuchen, die Persönlichkeit in klare Kategorien einzuteilen, wobei jeder Kategorie eine eindeutige Bezeichnung zugewiesen wird – z. B. rot, grün, gelb oder blau. Häufig wird davon ausgegangen, dass man entweder extrovertiert oder introvertiert ist – eine Grauzone dazwischen existiert laut Typentests nicht. Solches Schubladendenken kritisiert die Psychologie als eindimensional, da menschliche Persönlichkeit hochkomplex ist.

## Die Persönlichkeitsentwicklung als Kontinuum

Bei mehrdimensionalen Ansätzen auf Basis der wissenschaftlich fundierten »Big Five«, wie dem LPP, hingegen wird die Persönlichkeit als ein Kontinuum betrachtet. Es gibt keine klare Grenze, ab der man in eine bestimmte Kategorie fällt. Stattdessen bewegt sich die Persönlichkeit entlang einer Skala, die sowohl starke als auch schwache Ausprägungen der unterschiedlichen Facetten zulässt.

Bei Persönlichkeitsanalysen, die auf Typologien basieren, kommt zudem oft der sogenannte Barnum-Effekt (auch »Forer-Effekt« genannt) zum Einsatz. Dabei werden Aussagen verwendet, die auf den ersten Blick individuell und differenziert wirken, letztendlich aber keine Bedeutung haben, da sie auf alle Menschen gleichermaßen zutreffen. Dies führt dazu, dass diese Tests oft ähnlich wie Horoskope sind und Aussagen enthalten, in denen sich jeder irgendwie wiederfinden kann. Zum Beispiel: »Ich finde es anstrengend, mit Kollegen zu arbeiten, die immer genervt sind.«

In diesem Zusammenhang zitiere ich gerne Prof. Martin Puppatz, einer der beiden LPP-Entwickler, der in einem Blogartikel schrieb:

*»Um sich im unternehmerischen Kontext mit einer angemessenen Ernsthaftigkeit dem Thema der Persönlichkeit nähern zu können, führt kein Weg an einem dimensionalen Persönlichkeitsprofil, wie den ›Big Five‹-Persönlichkeitseigenschaften, vorbei. Die Interpretation der ›Big Five‹ lässt sich nicht durch das Zuordnen zu einer Schublade oder das Abstempeln des Kandidaten simplifizieren – stattdessen lösen die Ergebnisse das Versprechen ein, welches man von Persönlichkeitsanalysen erwartet: wahrhaftige Erkenntnisse über intraindividuelle Persönlichkeitsausprägungen, die wissenschaftlich fundiert, treffsicher und wertvoll für Unternehmen und Mitarbeiter*innen sind. Sollten Unternehmen dennoch an typologischen Tests festhalten wollen, sollten sie dann vielleicht doch eher auf Fragebögen á la ›Welche Disney-Prinzessin bist du?‹ zurückgreifen. Diese bieten mit 15 Prinzessinnen womöglich ein erschöpfenderes Bild der Persönlichkeit als die gängigen typologischen Verfahren.«*

Der LPP setzt das »Big-Five«-Modell konsequent und innovativ um. Er erfasst die Persönlichkeit ganzheitlich und ist damit vor allem auch nachhaltig aussagekräftig. Eine Erfahrung, die ich täglich in meiner Arbeit mit Persönlichkeiten mache.

Neugierig geworden? Jetzt gibt's einen »Deep Dive« in die Theorie des LPP. Er besteht aus drei Kernelementen. Die fünf Charaktereigenschaftspaare mit ihren insgesamt 60 Facetten haben wir bereits angesprochen. Hinzu kommen neun Motive und insgesamt 25 Kompetenzen.

*Die Charaktereigenschaften im LPP*

Die Charaktereigenschaften geben u. a. Antwort auf die Frage »Wie verhalte ich mich typischerweise?« und sind verantwortlich für den persönlichen Stil, also z. B. den Arbeits-, Kommunikations- oder Konfliktstil. Die gute Nachricht: Bei den Charaktereigenschaften gibt es kein Besser oder Schlechter. Jeder Pol hat Stärken, und jeder kann etwas von seinem Gegenpol lernen!

*Die Motive im LPP*

Die Motive klären die Fragen »Warum?«, »Wozu?«, »Warum verhalte ich mich so?«. Sie sind die treibenden Kräfte, die unser Verhalten bestimmen – die inneren Antriebe, die unsere Handlungen lenken und formen.

*Die Kompetenzen im LPP*

Die Kompetenzen beantworten die Frage: »Wie gut kann ich etwas? Wie kompetent tue ich das, was ich tue?« Diese sind übrigens am einfachsten zu verändern bzw. zu verbessern. Im Gegensatz zu den Charaktereigenschaften und Motiven, die uns i. d. R. ein Leben lang begleiten.

Insgesamt beschreiben Charaktereigenschaften, Motive und Kompetenzen unsere Persönlichkeit, die sich über Jahre entwickelt und dann i. d. R. stabil bleibt. Umso wichtiger die Nachricht, dass sich auf der Grundlage von Selbstreflexion, also der eigenen Erkenntnis, wie und vor allem warum wir »so ticken, wie wir ticken«, ein unschätzbares Potential an Veränderung erreichen lässt.

Die Analyse und das daraus resultierende Veränderungspotential ermöglichen es, die eigene Persönlichkeit durch gezieltes Handeln auf eine neue Ebene zu heben. Sie zeigen auf, welche Charaktereigenschaften, Motive oder Kompetenzen erweitert oder zukünftig (noch) gezielter eingesetzt werden könnten. Sie helfen, das eigene Handeln – oder auch »Nicht-Handeln« – einzuordnen und darauf abgestimmte Maßnahmen ergreifen zu können. So besteht der Mehrwert einer LPP-Analyse darin, ein besseres Verständnis der eigenen Persönlichkeit zu erlangen und menschliches Verhalten insgesamt – auch das der Kollegen/Mitarbeiter/Mitmenschen – besser einordnen zu können.

## So wird aus Theorie konkreter Erfolg

Mein Coaching bringt die Theorie in die Praxis, identifiziert Ihre konkreten Pain Points und erarbeitet mit Ihnen Ihre persönlichen Handlungsoptionen auf Basis der Erkenntnisse der Persönlichkeitsdiagnostik. Im Coaching-Prozess bespreche ich den LPP anhand eines konkreten Themas oder einer konkreten Fragestellung. Die Klienten identifizieren dazu einen Bereich in ihrem Verhalten, in dem sie Handlungsbedarf sehen, und formulieren im Anschluss ein konkretes Ziel, was genau sie verändern möchten. Je konkreter das Thema, desto konkreter die Handlungsempfehlungen, die wir im Coaching erarbeiten können.

Fragen, über die Sie Ihr konkretes Thema herausfinden können, sind bspw.:

- Was genau will ich erreichen/verändern?«
- »Habe ich etwas, wo ich konkret besser werden möchte?«

Daraus entwickeln Sie dann eine Leitfrage für sich z. B.:

- »Wie kann ich gelassener werden?«
- »Wie kann ich selbstbewusster auftreten?«

*Vier Möglichkeiten, einem erkannten Veränderungsbedarf zu begegnen*
Wenn Sie Veränderungsbedarf für sich erkennen, haben Sie vier Möglichkeiten:

- **Verhaltensänderung:** neue Verhaltensweisen aneignen, neue Verhaltensstrategien entwickeln.
- **Informieren:** Mitmenschen aktiv und transparent über eigenes Verhalten, Denken und Fühlen informieren, ohne es zu verändern.
- **Kompensieren:** eigene persönlichkeitsbezogene Lernfelder durch besondere andere Stärken kompensieren.
- **Akzeptieren:** eigene persönlichkeitsbezogene Lernfelder akzeptieren, ohne sie zu verändern.

Gerade wenn man kompetente Weiterentwicklung auf Basis der Persönlichkeit umsetzen will, braucht man ein fundiertes Diagnostiktool. Der LPP bietet den optimalen Einstieg in mein Transformationscoaching-Programm und für mich war er vor vielen Jahren mein persönlicher Motivationskick für meine »Mission Mensch«.

Und wann steigen Sie ein? Vielleicht ist genau jetzt der ideale Zeitpunkt – an dieser Stelle des Buches. Ich nehme Sie ab hier mit auf viele, spannende Persönlichkeitsreisen meiner Klienten. Das Coole:

Sie sind im »Driver Seat« und entscheiden, wie viel Veränderung Sie selbst möchten!

Gerne übernehmen Sie hier das Motto des amerikanischen Erfolgscoachs Tony Robbins: *»Decision is what drives you!«*

Auf geht's!

# Kapitel 4
# Fokus vs. Ablenkung?!

»Ich fühle mich seit Monaten irgendwie ›stuck in the middle‹. Ich versuche immer noch meinen Weg zu finden, unseren Change voranzutreiben, die inhaltlichen Themen aufzugleisen und bei alldem irgendwie den Überblick zu behalten. Dazu möchte ich mich sehr gut auf dem Board-Parkett bewegen. Das merke ich total, deshalb fällt es mir schwer, gerade auch noch einen freien, offenen Kopf für die relevanten strategischen Themen zu haben. Ich schaffe es einfach nicht, mich zu fokussieren oder an meinen Prios zu arbeiten. Ich verzettele mich permanent. No excuse – einfach eine Feststellung.«

»Wie wäre es, wenn es gut ist?«, frage ich meinen Klienten, CFO einer mittelständischen Firma.

»Ich wünsche mir eine ungestörte Arbeitsumgebung und möchte nicht ständig von einem Meeting zum nächsten hetzen müssen. Es ist frustrierend, wenn ich nicht mal in Ruhe auf Toilette gehen kann, weil ich sonst wieder zu spät im Meeting oder im nächsten Termin bin. Bislang ist es mir nicht gelungen, ein Zeitmanagement-Tool erfolgreich umzusetzen, und ich habe – das können Sie mir glauben – einige ausprobiert.«

## Verstehen lernen

Teil des Coaching-Prozesses ist immer auch die Vermittlung von Hintergrundwissen – in diesem Fall: Eine der größten Herausforderungen für viele meiner Klienten ist es herauszufinden, wie sie sich konzentrieren können, wenn sie gefühlt Hunderte von Herausforderungen haben. Die VUCA-Welt lässt grüßen.

Eine Studie der Next Work Innovation von 2021 hat herausgefunden, dass Unterbrechungen und überflüssige Meetings Unternehmen 114 Milliarden Euro pro Jahr kosten, weil Beschäftigte in wissensintensiven Berufen dauernd in ihrem Arbeitsablauf unterbrochen werden. Durchschnittlich kommt es nach dieser Studie alle vier Minuten zu 15 Unterbrechungen pro Arbeitsstunde. Um sich nach jeder Unterbrechung wieder auf die Arbeit konzentrieren zu können, benötigt eine Person zwischen 15 und 24 Prozent mehr Zeit als üblich, je nach Komplexität der Aufgabe. Dadurch gehen jeden Monat drei volle Arbeitstage verloren, nur aufgrund von Unterbrechungen.

## Spurensuche hin zur Selbsterkenntnis

Es besteht also Handlungsbedarf – auch für meinen Klienten. Als CFO machte ihm seine mangelnde Effektivität ganz besonders zu schaffen. Ein Blick auf die »Big-Five«-Facetten seines Charakters bringt den CFO auf die Spur:

- Sein hohes Aktivitätsniveau führt dazu, dass er auf der Suche nach ständiger Beschäftigung und einem hohen Energielevel ist – Hektik und ein eng getaktetes Leben entsprechen grundsätzlich seinem Charakter.
- Seine niedrige Ordnungsorientierung macht es ihm schwer, z. B. Zeitmanagement-Tools systematisch und strukturiert in seinen Alltag zu integrieren. Er liebt das kreative Chaos. Daraus resultiert auch seine niedrige Disziplinorientierung, die es ihm wiederum schwer macht, fokussiert zu arbeiten.
- Zudem hat er einen hohen Wert bei der Facette Entspanntheit – d. h. er neigt dazu, lästige, unangenehme Tätigkeiten so lange aufzuschieben, wie es irgendwie geht.
- Als Altruist mit wenig Selbstfürsorge ist er außerdem sehr um das Wohlbefinden seiner Mitarbeiter besorgt – er geht darin auf, wenn er sich um andere kümmern kann. Das führt dazu, dass er nur schwer Nein sagen kann.

»Selbsterkenntnis ist der erste Schritt auf dem Weg zur Besserung« – wer kennt den Spruch nicht? Als wir die Ergebnisse seiner Persönlichkeitsdiagnostik gemeinsam durchgehen, hat mein Klient ein Aha-Erlebnis nach dem anderen. Für jede Facette fallen ihm spontan Beispiele aus seinem Alltag ein.

Nach zwei Stunden haben wir eine große Sammlung von Klebezetteln an der Wand – strukturiert nach seinen Charakterfacetten und Kompetenzen. Anschließend erstellen wir seinen Entwicklungsplan auf Basis der Analyse-Ergebnisse und seiner Erkenntnisse.

Vier wesentliche Lernfelder hat der CFO für sich identifiziert. Zu jedem hat er jeweils konkrete Maßnahmen formuliert, die ihn darin unterstützen, sein Lernziel zu erreichen. Wie das im Einzelnen aussehen kann und vor allem wie detailliert auf die persönlichen Umstände abgestellt wird, um den Erfolg im Alltag sicherzustellen, stelle ich Ihnen nachfolgend einmal beispielhaft anhand der Originalergebnisse vor.

### *Ein echter »Deep Dive« in das Lernfelder-Meer*

**Mein Lernfeld:** Hohes Aktivitätsniveau

**Was ich lernen kann:** denken, bevor ich handle

**Meine Entwicklungsmaßnahmen:**

- STOP-Technik nutzen, bevor ich E-Mails lese, ans Telefon gehe, auf Chat-Anfragen antworte. Dabei steht STOP für: S-Stop, T-Take a breath, O-Observe (z. B. Helikopterperspektive einnehmen und mit der Frage verbinden: Was ist mir gerade wirklich wichtig?), P-Proceed.
- Achtsamkeit in meinen Alltag integrieren. Das habe ich bis dahin eher mit Spott betrachtet. Ich habe durch das Coaching gelernt, dass es der Schlüssel sein kann, mein hohes Aktivitätsniveau zu senken.

- Es geht nicht so sehr darum, stundenlang zu meditieren, sondern vielmehr darum, wie ich mich tatsächlich bei der Arbeit verhalte, Tag für Tag, Moment für Moment, während ich arbeite. Es geht darum, dass ich ab sofort Achtsamkeit bei der Arbeit in die Praxis umsetze, in Echtzeit, z. B., während ich in einer Besprechung sitze, auf E-Mails antworte, To-dos erledige oder mit Kollegen interagiere. Meine Achtsamkeitsübung ab sofort: Anstatt meinen Tag auf die übliche Weise zu beginnen, indem ich meine Aufgabenliste abarbeite, breche ich mit meiner alten Gewohnheit und beginne mit einer Achtsamkeitsübung. Ich nehme mir nur zehn Sekunden Zeit, um dort zu sitzen oder zu stehen, wo ich bin, und im Moment nichts anderes zu tun. Ich nehme einfach meine Erfahrungen wahr (Geräusche, Anblicke, Empfindungen, Gefühle, Gedanken), wie sie ganz natürlich kommen und gehen, aufsteigen und abfallen, ohne dass ich ihnen folgen muss.
- Anschließend stürze ich mich wieder in die Hektik meines Tages. Diese Zehn-Sekunden-Auszeit nehme ich mir mindestens zehnmal am Tag.
- Ich habe gelernt: Achtsame Pausen aktivieren das parasympathische Nervensystem. Das wiederum schaltet mein Alarmsystem im Gehirn aus und hilft so beim Fokussieren, Prioritätensetzen, Analysieren, Neubewerten, Strategieentwickeln und Maßnahmenergreifen.

**Mein Lernfeld:** niedrige Ordnungsorientierung

**Was ich lernen kann:** disziplinierter und strukturierter arbeiten

**Meine Entwicklungsmaßnahmen:**

- Klare Fokuszeiten in meinen Alltag einbauen und diese konsequent einhalten. Konkret: Fokusblock in meinem Kalender jeden

Mo.-Mi.-Fr.-Vormittag von 10 bis 12 Uhr. Geduld bei der Umsetzung und nachhaltig.

*Fokusblock = E-Mails, WhatsApp, Teams-Chat konsequent ausschalten, Telefon auf Flugmodus*
*Geduld = Wenn Blockzeiten zu Beginn noch nicht möglich – nach und nach meinen Kalender »aufschlauen«, d. h. erste Möglichkeit für freien Block wählen und ab dann Serientermin einstellen*

- Meinen Schreibtisch aufräumen. Mein Gehirn wird direkt von den Dingen beeinflusst, die sich vor oder direkt neben mir befinden. Da mein Schreibtisch aussieht, als wäre er gerade von einem Sturm heimgesucht worden und alles durcheinander ist, fühle ich mich auch genauso abgelenkt und verloren. Ich habe gelernt, dass mein Schreibtisch ein Spiegelbild meiner Gewohnheiten und meiner Persönlichkeit ist. Stimmt absolut. Mein Ziel ist deshalb: Einen sauberen und aufgeräumten Arbeitsplatz zu haben, das kostet tatsächlich mehr Überwindung als Zeit, hat aber einen großen Einfluss darauf, dass ich konzentriert bleibe und meine Produktivität steigere.

**Mein Lernfeld:** Entspanntheit

**Was ich lernen kann:** lästige Dinge zuerst machen

**Meine Entwicklungsmaßnahmen:**

- Meine Entspanntheit führt dazu, dass ich alles aufschiebe. Ich habe verstanden, dass es mit dem Aufschieben ist wie mit einer Kreditkarte: Es macht so lange Spaß, bis man die Rechnung bekommt. Das Problem bei meiner »Aufschieberitis« ist, dass sie kein Ende hat, ich verschiebe besonders die lästigen Dinge immer wieder auf morgen – auch wenn sie heute fällig waren. Das ist

dann immer in meinem Hinterkopf – deshalb fällt es mir schwer, mich auf die anstehende Aufgabe zu konzentrieren.
- Um mich selbst vom Aufschieben abzuhalten, haben wir im Coaching entwickelt, Aufgaben in Time-Boxen zu packen. Ich liebe es, Dinge abzuhaken, die ich erledigt habe.
- »Eat the frog« – jeden Morgen drei Tätigkeiten machen/erledigen, die mir lästig sind.

**Mein Lernfeld:** Altruismus

**Was ich lernen kann:** mehr Selbstfürsorge

**Meine Entwicklungsmaßnahmen:**

- Nein sagen lernen.
- Start: Aufgaben, die nicht in meinen Bereich fallen, ablehnen.
- Grundregel beachten: »Hinter jedem Nein muss ein glühendes Ja stehen.«, also Fokus auf meine Ziele. Dazu muss ich v. a. mein Smartphone während der Fokuszeiten ausschalten, denn hierüber kommen ja die meisten Bitten von Kollegen. Es ist tatsächlich mein größter Feind bei der Arbeit. Ständige Pieptöne, WhatsApp-Nachrichten und E-Mails lenken mich ab und führen letztendlich nur dazu, dass ich immer wieder abgelenkt werde und meine Produktivität zunichtegemacht wird.

## Zusammen ist man stark

Der CFO integrierte mit großem Erfolg die Maßnahmen aus dem Entwicklungsplan Schritt für Schritt in seinen Alltag. Von mir begleitet mit dem »Action-Reflection-Prozess« auf einer interaktiven Coaching-Plattform, der in jedem meiner Coaching-Prozesse integriert ist. Dieses Dranbleiben – das Unterstütztwerden beim täglichen Tun – ist vor allem zu Beginn ein Schlüssel zum Erfolg. Rhythmik und Routinen führen zum Ziel – so entsteht Fokus. Es geht darum, wiederholbare Ergebnisse zu schaffen – nicht nur drei Monate lang, sondern kontinuierlich. Dazu braucht es ein System, das funktioniert. Grundsätzlich gilt: Wir haben genügend Zeit – wenn wir die richtigen Prioritäten setzen!

Inzwischen geht der CFO seinen Weg konsequent eigenständig – und definiert immer wieder neue Ziele, wie seine Mitarbeiter im Unternehmen mithilfe vergleichbarer Erkenntnisse vorangebracht werden können.

# Kapitel 5
# »Ich dachte, ich sei anders«

»Das Ziel bei meinem alten Arbeitgeber war nur, Leute totzubeißen bzw. runterzuknüppeln. Ich bin von der Kultur, in der ich 20 Jahre gearbeitet habe, extrem konditioniert. Deshalb dachte ich, ich sei wettbewerbsorientiert – dabei bin ich es gar nicht!«

Das war die Kernerkenntnis meiner Klientin – ein echter »Eye-Opener«, nachdem wir ihre Ergebnisse des LPP analysiert hatten.

## Wie alles begann

Der Coaching-Auftrag lautete: »Wie schaffe ich es, auch ›Schaumschlägern‹ selbstbewusst zu begegnen und meine Wettbewerbsorientierung rüberzubringen?«

Im ersten Schritt machte Monika R. den LPP. Die individuellen Ergebnisse ermöglichten ihr einen völlig neuen und detaillierten Blick auf ihre eigene Persönlichkeit und wurden so bis heute – in Verbindung mit dem Transformationscoaching – zum Ausgangspunkt für echte, nachhaltige Weiterentwicklung.

Ein Ergebnis aus dem LPP, von dem sie zunächst komplett überrascht war, war die hohe Ausprägung ihrer Kooperationseigenschaften. »Ich bin sehr wettbewerbsorientiert unterwegs. Wie sonst sollte ich es in einer klassischen Männerwelt bis zum Vorstand geschafft haben?«

## Die Analyse

Wir schauten uns ihre Ergebnisse näher an. Wettbewerbsorientierung? Fehlanzeige. Tatsächlich hatte sie eine sehr starke Ausprägung bei der *Kooperation.*

Die Facetten, die zu dem Charakterpaar *Kooperation/Wettbewerb* gehören, sind im Einzelnen:

- **Vertrauensorientierung – Soziale Skepsis**
- **Freimütigkeit – Strategische Kommunikation**
- **Altruismus – Selbstfürsorge**
- **Nachgiebigkeit – Geringe Nachgiebigkeit**
- **Bescheidenheit – Positive Selbstdarstellung**
- **Empathie – Soziale Rationalität**

Wettbewerbsorientierte Personen zeigen v. a. hohe Ausprägung auf der rechten Seite der Facettenpärchen. Sie legen den Fokus in sozialen Beziehungen nicht auf eine besonders ausgeprägte Harmonie oder ihre Beliebtheitswerte bei den anderen Teammitgliedern. Stattdessen vertreten sie zunächst einmal ihre Interessen und Ziele.

Dies bedeutet nicht, dass sie andere grundsätzlich übervorteilen, sie stellen ihre Bedürfnisse nur einfach nicht hinter denen der anderen zurück oder verlassen sich auf andere, sondern sorgen persönlich dafür, dass ihre Interessen Beachtung finden. Ein fairer Wettstreit ist ihnen dabei allemal lieber als ein aus ihrer Sicht halb garer Kompromiss.

### *»Das bin ich doch gar nicht«*

In dieser Beschreibung fand sich Monika R. gar nicht wieder. Im Gegenteil. Sie konnte sich sehr gut wiederfinden bei den kooperativen Eigenschaften: Menschen mit einer ausgeprägten Kooperationsorientierung werden i. d. R. als sehr umgänglich und wohlwollend anderen gegenüber wahrgenommen. Sie sind hilfsbereit, unterstützend und kompromissbereit und haben eine Tendenz, anderen Personen zu vertrauen und Gutes von ihnen zu erwarten. Sie haben ein hohes Maß an Hilfsbereitschaft, sind kompromissbereit und eher konfliktscheu etc.

Lediglich bei den beiden »Pärchen« Nachgiebigkeit – Geringe Nachgiebigkeit und Bescheidenheit – Positive Selbstdarstellung zeigte sie auch eine Neigung zur Wettbewerbsorientierung.
Selbsterkenntnis

Hier ihre Kommentare aus dem Coaching:

*Nachgiebigkeit – Geringe Nachgiebigkeit:* »Ich kann durchaus meinen Standpunkt verteidigen, bin dann aber auch jederzeit kompromissbereit – das ist in der Balance.«

*Bescheidenheit – Positive Selbstdarstellung*: »Ich muss nicht unbedingt im Mittelpunkt stehen, es stört mich aber auch nicht. Jederzeit kann ich auf meine Erfolge verweisen – protzen ist aber nicht mein Ding. Ein Mittelwert passt total.«

So weit die »Mittelwerte«. Bei den anderen Eigenschaftspaaren lag der Ausschlag klar in Richtung *Kooperation.*

»*Vertrauensorientierung* ist für mich die Basis der Zusammenarbeit. Ich schütte erst mal einen Eimer Vertrauen aus, wenn ich Menschen begegne, und gehe grundsätzlich vom Guten im Menschen aus. Das passt für mich!«

»*Freimütigkeit* – auch hier finde ich mich wieder. Ich kommuniziere immer ohne Hintergedanken und teile offen meine Meinung mit anderen. Das ist mir sehr wichtig!«

»Auch der hohe Wert bei *Altruismus* geht für mich in Ordnung. Ich bin jemand, der sehr um das Wohlergehen anderer besorgt ist, und kümmere mich auch jederzeit ohne Aufforderung. Man nennt mich auch ›Mutter Teresa‹.«

»*Empathie* – ja das bin ich, das ist meins. Ich empfinde die Gefühle anderer Menschen selbst nach und treffe auch meine Entscheidungen auf Grundlage dieses Mitfühlens – manchmal nehme ich zu starken Anteil am Schicksal meiner Mitmenschen. Jedenfalls kommen immer alle zu mir und weinen sich aus.«

## Die Erkenntnis

»Ich bin tatsächlich von meinem Charakter her gar nicht wettbewerbsorientiert, sondern sehr kooperativ. Deshalb agiere ich auch immer aus der Schwäche heraus, wenn ich auf ›Schaumschläger‹ treffe. Ich muss aufpassen, dass ich nicht in meine eigene Kooperationsfalle tappe!«

»Wir alle haben eine Kernpersönlichkeit – unser individuelles Persönlichkeitsprofil hinsichtlich Charaktereigenschaften, Motiven und Kompetenzen. Allerdings können wir diese Persönlichkeit natürlich nicht in jeder Situation und in jedem Lebensbereich zu 100 Prozent ausleben. Vielmehr passen wir uns unserer Umgebung zu einem gewissen Grad an, um erfolgreich zu handeln. Wenn wir das über einen längeren Zeitraum in einem bestimmten Bereich – z. B. an unserem Arbeitsplatz – tun, bilden wir eine sogenannte Persona aus, die sich wie eine Maske über unsere Kernpersönlichkeit legt …«, schreibt Dr. Ronald Franke (LINC Institute) dazu in seinem Blog. Eine Persona war genau das, was Monika R. ausgebildet hatte über die Jahre mit der Folge, dass sie ständig gestresst und unzufrieden war.

## Lösungsideen

Monika R. entwickelte folgenden Action-Plan als erstes Maßnahmenpaket, um ihre Ziele zu erreichen:

- **»Arbeiten an meiner Wettbewerbsorientierung. Entdecken und Benennen neuer Verhaltensweisen.** Ich will ›authentisch‹ wettbewerbsorientierter werden – jeden Tag ein bisschen höher klettern. Z. B. meine ohnehin vorhandene Unnachgiebigkeit ausbauen im Gespräch mit anderen und meine positive Selbstdarstellung professionalisieren und mir so bei den ›Schaumschlägern‹ Respekt erarbeiten.
- **Informieren:** meine Mitmenschen aktiv und transparent über meine hohe Vertrauensorientierung informieren und ihnen gleichzeitig signalisieren, dass der Vertrauenseimer zwar gefüllt ist, mein Vertrauen aber auch mit klaren Erwartungen verknüpft ist und ich den Eimer nicht endlos nachfülle.
- **Die Erkenntnis** – meine hohe Leistungsorientierung und Prinzipienorientierung und meinen Enthusiasmus – nutzen und aktiv beginnen, die Menschen für meine Ideen/Konzepte zu begeistern bzw. sie nachhaltig mit ins Boot zu nehmen. So baue ich Stärke auf, die gleichzeitig in eine höhere Wettbewerbsorientierung einzahlt.«

Vor allem die Erkenntnis, dass sie jahrzehntelang wettbewerbsorientiert sozialisiert worden war von ihrem alten Arbeitgeber und darüber eine Persona ausgebildet hatte, faszinierte Monika R. Viele Jahre hatte sie in verantwortlicher HR-Position gegen die Kultur des »Totbeißens und Runterknüppelns« gekämpft und schlussendlich mit der Kündigung ihre Konsequenz gezogen – ihr erster wichtiger Schritt und vielleicht schon ein Vorbote der Erkenntnis, dass das eben nicht »sie« sei. Die Facetten Ihrer Persönlichkeit schwarz auf weiß zu lesen und im Transformationscoaching zu erspüren, wer sie »wirklich« ist, brachte ihr endlich die Bestätigung, damit den einzig richtigen Schritt getan zu haben. Das gab ihr zusätzliches Selbstbewusstsein, das ihr bis heute hilft, auch in einem wettbewerbsorientierten Umfeld erfolgreich zu agieren.

# Kapitel 6
# Von nichts kommt nichts – wie Sie der agilen Arbeitswelt gerecht werden

»Agile Transformation wird häufig als reines Prozessthema aufgefasst. Die Persönlichkeit der Führungskräfte, die diesen Wandel vorantreiben sollen, wird dabei in der Regel vernachlässigt. Führungskräfte mit einem agilen Mindset sind jedoch der entscheidende Faktor für eine erfolgreiche Unternehmenstransformation«, schreibt Prof. Dr. Martin Puppatz, Co-Founder des LPP, in einem Artikel, der im »Harvard Business Manager« veröffentlicht wurde.

Mein Klient, Craig, Vorstand in einem der größten US-Coaching-Unternehmen, hatte genau diese Erkenntnis auch für sich gewonnen.

## Wunsch und Wirklichkeit

Seit zwei Monaten hat das Unternehmen, in dem er für die Strategie zuständig ist, einen neuen CEO, 20 Jahre jünger als er und ein »prozessverliebter agiler Macher«.

»Er hat meinen größten Respekt. Für mich ist eigentlich ein Traum wahr geworden. Über zwei Jahre hatten wir einen CEO, der nichts verändern wollte. Jetzt haben wir einen CEO, der offen und neugierig ist, sehr wachstumsorientiert und agil. Für mich ist das eine komplett neue Situation. Aber ich muss lernen, mich darauf einzulassen. Ich bin es gewohnt, meine Ideen dominant umzusetzen. Ich bin ein Leader par excellence – presche gerne vor. Das geht jetzt gar nicht mehr. Meine konkrete Frage lautet: Wie kann ich die Erkenntnisse aus meinem LPP nutzen, um die Herausforderungen, vor allem in der

Kommunikation, mit meinem neuen Vorgesetzten zu adressieren und mich als Führungskraft weiterzuentwickeln?«

»Was genau möchten Sie weiterentwickeln?«, frage ich als Erstes.

»Ich muss meine Kommunikation und meinen Kommunikationsansatz ändern.«

»Was genau?«, will ich weiterwissen.

»Ich bin sehr enthusiastisch, strahle viel Energie aus und schlage gerne konkrete Ideen vor. Das funktioniert bei diesem Typ nicht wirklich. Ich habe bei unserem ersten Projekt zehn Tage gebraucht, um herauszufinden, was er will.«

## Erkenntnis – der erste Schritt auf dem Weg zur Veränderung

Menschen mit einer hohen Ausprägung des *Enthusiasmus* lassen sich schnell begeistern und teilen diese Begeisterung auch aktiv mit anderen. Bei Craig führt sein großer Enthusiasmus bislang dazu, dass er sehr schnell in die Umsetzung geht, statt sich von Beginn an die notwendige Zeit zu nehmen, um die Projektziele und -ergebnisse sauber zu definieren. Anstelle einer transparenten Kommunikation setzt er bislang die Schritte, die er für richtig hält, einfach um. Auf dem Weg zum Ziel verliert er dabei seinen neuen CEO – so kommt es immer wieder zu Missverständnissen.

## Nächste Schritte

Als ersten Verbesserungsschritt nimmt er sich vor, einzelne Prozesse ab sofort schriftlich und mündlich mit dem CEO abzustimmen. Dazu will er einen Teams-Kanal anlegen, über den der regelmäßige Austausch stattfindet und in dem jeder jeden einzelnen Schritt nachvollziehen kann.

Darüber hinaus will er sich in Zukunft weniger auf seine Leidenschaft – Promotion der Coaching-Produkte –, sondern mehr auf die Entdeckung neuer Möglichkeiten im Prozess fokussieren.

»Wie kann es Ihnen gelingen, diese neue Herangehensweise aktiv und nachhaltig im Alltag umzusetzen?«, will ich von ihm wissen.

»Ich muss es einfach tun«, antwortet Craig.

»Was noch?«, frage ich ihn. Stille.

## Lösungsansätze

»Was halten Sie davon, Ihren Enthusiasmus zu nutzen und ihm eine neue Richtung zu geben? Statt wie bisher mit großer Leidenschaft auf die schnelle Produktentwicklung und umfangreiche Marketingaktivitäten zu setzen – Ihren Enthusiasmus jetzt in Richtung agile Prozessorientierung einzubetten?«

Craig ist begeistert: »Genau das ist die Lösung! So kann ich meinen neuen Weg authentisch gehen. Ich bin grundsätzlich offen und bereit zu lernen. Diesen Lernpfad mit Enthusiasmus zu gehen, ist genau mein Ding!«

*Dominanz:* »Meine hohe Dominanz ist sicher ein Hindernis! Ich muss lernen, weniger direktiv zu sein und weniger dominant zu kommunizieren. Statt ›Das werde ich tun – basta‹ zu sagen, sollte ich neugierig und lernbereit sein, wie der Prozess ausgehen könnte. Ich muss lernen, mich auf den agilen Prozess einzulassen, statt allein die Richtung bestimmen zu wollen«, reflektiert Craig.

*Fantasie:* Craigs hohe Ausprägung in der Facette Fantasie führt dazu, dass er schon das große Bild vor Augen hat, während der CEO noch mit dem Startpunkt im Prozess beschäftigt ist. Craigs Denken in Visionen sowie seine außergewöhnlich gute Vorstellungskraft führen dazu, dass er den CEO, gerade in agilen Prozessen, verliert. Für ihn ist die Vision schon klar, während der CEO noch dabei ist, sie zu definieren.

»Ich habe viel Zeit verloren, weil ich mich an meiner Vision orientiert habe, ohne seine zu hinterfragen. Mir wird jetzt erst klar, dass er seine Vision entwickelt und nicht von Beginn an vor Augen hat. Ich möchte lernen, mich auf diesen Entwicklungsprozess einzulassen.«

*Offenheit:* »Was mir hilft, ist meine Offenheit. Ich interessiere mich für neue Entwicklungen und liebe kreative Lösungen. Ich liebe es zudem, alte Muster zu hinterfragen, neue Aktivitäten auszuprobieren, selbst wenn sich der bisherige Weg bewährt hat. Kurzum: Ich liebe die Veränderung und stehe ihr offen gegenüber.«

Offenheit ist eine sehr gute Voraussetzung für agile Transformationsprozesse, die Craig dabei hilft, Treiber des Wandels zu sein.

Seine Reflexion dazu war vorbildlich: »Als Top-Leader bin ich seit vielen Jahren nicht mehr in der Position des ›Lernenden‹ gewesen. Das ist jetzt eine großartige und wirklich interessante Gelegenheit, nicht der Experte des Prozesses zu sein.«

*Kooperation:* »Eine der wesentlichen Anforderungen der agilen Arbeitswelt ist die Kooperation«, schreibt Prof. Dr. Puppatz in seinem Artikel. Und weiter: »Flache Hierarchien und Teamarbeit ersetzen immer mehr die alten, eingefahrenen Strukturen. Wer hier erfolgreich sein will, sollte also besser Teamplayer als Einzelkämpfer sein. Diese Eigenschaft schlägt sich in der (Charakter-)Dimension *Kooperation* nieder.«

Genau dieser Anforderung entspricht das Persönlichkeitsprofil von Craig. Seine kooperativen Eigenschaften – Vertrauensorientierung, Altruismus, Bescheidenheit und Empathie – unterstützen ihn in seinem Vorhaben, sich auf die agile Lernreise einzulassen.

Als regelrechter Booster wirkt für ihn, dass der CEO ihm das Vertrauen, das er ihm entgegenbringt, zurückgibt: »Er unterstützt mich sehr, vertraut mir, hat mich speziell für diese Position ausgesucht und will, dass ich erfolgreich bin. Ein gutes Umfeld, um zu wachsen.«

Wenn auch Sie wissen wollen, in welchem Umfeld Ihnen optimale Chancen geboten werden, an denen Sie wachsen können bzw. ein »Mismatch« vermeiden wollen, lohnt sich ein Blick auf Ihre Persönlichkeitsmerkmale im Sinne des »Big-Five«-Modells.

# Kapitel 7
# Notbremse oder Fast-Lane-Projekt – wie man Prozesse auf die Überholspur bringt

Stahlbranche. Traditionelle Strukturen. Der Geschäftsführer einer Tochterfirma voller Ideen, agil, nach vorne denkend. Das Unternehmen träge, aktuell überfordert von der Vielzahl der Herausforderungen. Alles ist wichtig, dringend, unaufschiebbar – alles und zugleich nichts hat Priorität. Dadurch bleibt »alles« liegen – Entscheidungen werden verschleppt. Ohnmacht. So schildert mein Coachee die Situation.

»Wie kann ich Entscheidungen des Holding-Vorstands schneller bzw. im vorgegebenen Zeitrahmen erhalten?«

Mit dieser Frage starten wir in den Intensiv-Coaching-Tag und werfen im ersten Schritt einen Blick in seinen LPP.

## Das »Innen« nach »außen« kehren – geht das denn?

Was sofort auffällt: seine hohe Innenorientierung. Innenorientierte Menschen verbringen Zeit gern allein, ohne sich einsam zu fühlen, machen Probleme eher mit sich selbst aus und laden den Akku durch Nachdenken und Reflektieren auf. Sie behalten ihre Gedanken gern für sich – teilen auch Ideen selten mit anderen.

»Ja, das stimmt zu 100 Prozent! Ich habe mir schon unzählige Gedanken gemacht und auch Lösungen parat, wie meiner Ansicht nach die Entscheidungen des Managements schneller werden könnten – nur geteilt habe ich meine Überlegungen bisher mit niemandem.«

Wir besprechen, dass seine Motive und Charaktereigenschaften – wie seine Innenorientierung – fest in ihm verankert sind. Die

Persönlichkeitsanalyse zeigt zunächst »nur« auf, wo er steht. Jede Charaktereigenschaft ist mit einem Verhalten verknüpft. Den Charakter kann man nicht ändern – das Verhalten hingegen schon!

*Immer wieder ins Gedächtnis rufen*

Neben einer möglichen Verhaltensänderung hat er noch drei weitere Optionen, auf seine Innenorientierung zu »reagieren« – insgesamt vier Möglichkeiten (siehe Kapitel 3). Erinnern Sie sich ihrer noch?

- **Verhaltensänderung:** neue Verhaltensweisen aneignen, neue Verhaltensstrategien entwickeln und die eigenen Kompetenzen weiterentwickeln.
- **Informieren:** Mitmenschen aktiv und transparent über eigenes Verhalten, Denken und Fühlen informieren, ohne es zu verändern (»Elefant im Raum« vorstellen …).
- **Kompensieren:** eigene persönlichkeitsbezogene Lernfelder durch besondere andere Stärken kompensieren.
- **Akzeptieren:** eigene persönlichkeitsbezogene Lernfelder akzeptieren, ohne sie zu verändern.

»Welche Option würden Sie am liebsten wählen?«, will ich von meinem Klienten wissen.

Er denkt nur kurz nach und antwortet spontan: »Ich muss und möchte mein Verhalten ändern. Das wird mir gerade sehr deutlich. Meine Innenorientierung führt dazu, dass ich Ideen mit mir rumtrage und frustriert bin, dass die anderen nicht reagieren. Das war mir nicht klar. Die Lösung könnte sein, dass ich meine Innenorientierung challenge und meine zahlreichen Ideen, die ich habe, mit den anderen teile.« Und: »Clustern wäre gut. Was ist wichtig, was jedenfalls dringend, und wo braucht es die Notbremse?«

*Visualisierung – sichtbar machen, sehen, hinschauen*
Damit das gelingt, macht er im ersten Schritt seine Gedanken/Überlegungen für sich selbst sichtbar: »Wir müssen unsere Kommunikation überdenken und schärfen. Das Management muss konsequent unterscheiden zwischen wichtig und dringend. Im ersten Schritt geht es darum, ein Verständnis zu bekommen, was ist dringend – was ist wichtig.«

Ich hake nach und will es genau(er) wissen: »Wie genau könnte das in der Praxis aussehen?«

»Wir entwickeln eine Fast Lane für Themen bzw. Entscheidungen, die eine Kombination aus wichtig und dringend sind. Analog zur Straßenbahn richten wir eine Notbremse ein. Die darf man nur ziehen, wenn wirklich ›Not‹ herrscht. Eine Notbremse unbegründet zu ziehen, hat auch Konsequenzen.«

»Die Notbremse hält den Zug an und rettet Leben«, fährt mein Klient fort. »Gleichzeitig bringt sie uns auf die Überholspur und/oder sorgt dafür, dass wir nicht kollidieren. Wir optimieren so die Wahrnehmung von Chancen und Möglichkeiten.«

Die Ideen sprudeln nur so aus ihm heraus. Sein Fast-Lane-Projekt nimmt mehr und mehr Gestalt an: »Fast-Lane-Prozesse sind Überholspur-Prozesse für Themen mit allerhöchster Priorität, wie teure Projekte oder wenn Gefahr in Verzug ist. Jeder Verantwortliche muss den Prozess kennen und ihn anstoßen können.«

## (Selbst-)Erkenntnis als Zündschnur zum Ideenfeuerwerk

Verstehe dich selbst, und die Blockaden wandeln sich in Energiebooster!

Mein Coachee wirkt wie befreit. Ein Riesenberg an Ideen hatte schon lange in seinem Inneren geschlummert. Bisher hatte ihn seine hohe Innenorientierung davon abgehalten, Gedanken mit seinem Umfeld zu teilen. Der LPP hat diese Facette seines Charakters sichtbar gemacht. Die Erkenntnis allein, dass er innenorientiert ist, reichte aus, ihn ins Handeln zu bringen. Entscheidend war nun die Frage nach der Umsetzung.

»Ganz einfach. Wir haben ein Ideenmanagement. Da gebe ich meine Idee rein. Dazu muss ich noch Bedarf und Nutzen genau herausarbeiten, sodass es ein praktikables Werkzeug ist, das wir in der Firma neu installieren.«

Seine Prinzipien- und Leistungsorientierung halfen ihm dabei. Darüber hinaus konnte er noch ein weiteres »Watch-out« durch das Coaching mit mir erkennen: seine hohe Entspanntheit, die aussagt, dass er Dinge, Situationen, die unangenehm sind, gerne mal auf die lange Bank schiebt! Sollte es also Hürden bei der Umsetzung geben, ist es entscheidend, dass er genau diese Entspanntheit im Blick hat und seinen Fokus auf Disziplin, seine Leistungsorientierung und Prinzipienorientierung richtet!

# Kapitel 8
# Top vorbereitet durch die Krise

»Wir haben eine realwirtschaftliche Krise – mein Unternehmen ist massiv von den steigenden Energiepreisen betroffen. Da muss ich täglich ausgleichen. Haben Sie eine Idee, wie ich mich am besten auf diese Krise – von der ich überzeugt bin, dass sie uns noch länger beschäftigen wird – vorbereite? Wir sind vom Kapital her ein rundherum gesundes, hochwertiges Unternehmen. Da muss ich mir aktuell noch null Sorgen machen. Dass das aber auch langfristig so bleibt – darum geht es jetzt. Vor allem im Alltag! Da muss ich permanent Brände löschen. Manchmal zweifle ich an mir selbst: Bin ich der richtige CEO in diesen Zeiten?«

## Selten(e) Offenheit auf höchster Ebene

Dass ein Klient – schon gar ein CEO – mit einer so selbstkritischen Frage den Coaching-Prozess eröffnet, ist eher selten. Viele Menschen, gerade in Top-Führungspositionen, überschätzen ihre Fähigkeiten. Die Wissenschaft hat für dieses Verhalten einen Namen: den »Dunning-Kruger-Effekt«.

Die beiden Psychologen kamen 1999 im Rahmen einer Studienreihe zu der Erkenntnis: Gerade Menschen mit wenig Wissen überschätzen oft ihre eigenen Fähigkeiten – während sie die Leistungen kompetenterer Menschen verkennen. Das führt dazu, dass sie auch nicht die Notwendigkeit sehen, sich weiterzubilden und damit ihre Kompetenz zu steigern.

Der »Dunning-Kruger-Effekt« begegnet uns sehr häufig im Alltag. Zum Beispiel, wenn Millionen von Fußballfans felsenfest davon erzeugt sind, bessere Entscheidungen treffen zu können als das professionelle Trainerteam. Oder die meisten jungen männlichen Autofahrer glauben, besser fahren zu können als der Rest der Bevölkerung. Dabei sind sie nach Angaben des Statistischen Bundesamtes das größte Unfallrisiko auf deutschen Straßen.

Anders mein Klient – er machte deutlich, dass er daran zweifle, ob sein gesunder Menschenverstand ausreiche, um komplexe Probleme zu durchdringen. Der Schlüssel heißt: Selbstreflexion. Doch wie finde ich heraus, ob ich als Persönlichkeit auf die Krise vorbereitet bin und meine Mitarbeitenden souverän führe? Führung ist ein hochkomplexer und herausfordernder Prozess.

*Vision auf breiter Basis*

»Ich möchte nicht nur meine eigene Vision erfolgreich umsetzen. Wichtig ist, dass ich auch die Mitarbeitenden erreiche und deren Ängste verstehe – ihren Bedürfnissen gerecht werde«, so mein Klient weiter. »Bin ich da wirklich gut vorbereitet? Welche KPI's gibt es – woran kann ich das festmachen?«

Wir haben dieser spannenden Frage einen ganzen Intensivtag gewidmet. Als Vorbereitung, um inhaltliche Informationen zu seinem Führungsstil zu erhalten, hat mein Klient ein Tiefenprofil »Führung« vom LINC Institute sowie eine 360-Grad-Beurteilung (Fremdeinschätzung durch Mitarbeitende und Kollegen) gemacht, die einen empirischen Selbstbild-Fremdbild-Abgleich liefern.

Den Intensivtag haben wir mit einem »Deep Dive« in sein Tiefenprofil »Führung« gestartet, der ihm jeweils objektive Hinweise liefert, welche Charaktereigenschaften, Motive und Kompetenzen er als Persönlichkeit hat, die ihn in einer Krise unterstützen. Das Ergebnis war für ihn zwar »nicht verblüffend«, aber absolut bereichernd und ein wichtiger Halt!

## Wenn wissenschaftliche Analyse und persönliches Bauchgefühl zusammenpassen

»Zu wissen, dass ich von der Persönlichkeit her – nicht nur gefühlt, sondern auch objektiv – nachhaltig gut gerüstet bin, ist für mich gerade in Krisenzeiten – wenn dann selbst ich mal zweifele, ob ich das alles schaffe – eine immense Stütze.«

Insgesamt zeigt er in seinem Persönlichkeitsprofil eine hohe *emotionale Stabilität.* Die wiederum findet u. a. ihren Ausdruck in:

- **Niedrigem Anspannungsniveau:** Er geht Probleme unbesorgt an und hat eine zuversichtliche Einstellung der Zukunft gegenüber.
- **Geringer Reizbarkeit:** Er lässt sich schwer aus der Ruhe bringen und reagiert auf Provokationen gelassen, ohne aus der Fassung zu geraten.
- **Stabiler Stimmungslage:** Er lässt sich nicht leicht entmutigen und wird angesichts von Misserfolgen eher selten von Selbstzweifeln oder Schuldgefühlen geplagt. Die Tatsache, dass er auf die Krise gut vorbereitet sein wollte, war nicht von Selbstzweifeln geprägt, sondern Teil seines hohen Sicherheitsbedürfnisses, das sich in seinen Motiven (Sicherheit: maximal) spiegelt.
- **Hoher Stressresistenz:** Er nimmt Stress zwar wahr, geht aber mit Selbstsicherheit an Probleme heran und traut sich deshalb grundsätzlich viel zu. Er ist i.d.R. überzeugt, Wege aus dem Stress zu finden, oder – wie in diesem Fall – sucht sie aktiv.

Am Nachmittag des Intensivtages haben wir sein 360-Grad-Profil analysiert. Auch diese Ergebnisse waren für ihn sehr aufschlussreich und ein großer Mehrwert bezogen auf seine Ausgangsfrage: »Wie bereite ich mich als Führungskraft bestmöglich auf die Krise vor?«

Seine abschließende Beurteilung des Intensivtages hat mich beeindruckt: »Ich habe jetzt eine klare ›Roadmap‹ – einen Plan, der aufzeigt, was mich als Persönlichkeit und Führungskraft ausmacht. Ich weiß jetzt, was ich noch verbessern muss und in welchen Bereichen ich schon sehr gut bin. Diese ›Roadmap‹ ist eine optimale Basis, um meine Souveränität v. a. in Krisenzeiten zu sichern.«

Seine Motivation zur Selbstreflexion, die Offenheit, Neues zu lernen, verbunden mit seiner Demut vor den anstehenden Aufgaben und großem Interesse an seiner persönlichen Weiterentwicklung, sind optimale Bedingungen für ein Coaching.

*Und Sie so?*

Wie geht es Ihnen? Sind Sie eher der »Dunning-Kruger-Typ«? Oder lieben Sie die Selbstreflexion? So oder so – das Transformational-Leadership-Programm ist ein optimales Fundament, wenn Sie eine gute Führungskraft sind und eine noch bessere werden wollen.

# Kapitel 9
# Einer der größten Erfolgsverhinderer im Coaching

Seit zwei Coaching-Sessions drehen wir uns im Kreis. Mein Klient Christopher und ich. Christopher ist Jurist und CLO einer deutschen Tochtergesellschaft eines US-Unternehmens. Wir haben über ein Jahr erfolgreich gearbeitet und viele Techniken entwickelt, die er im Alltag anwenden kann. Er reflektiert, dass er empathischer geworden und inzwischen sehr gut in der Selbstwahrnehmung ist. Das Coaching habe ihn in den vergangenen zwölf Monaten so viel weitergebracht, und er wäre nicht dort, wo er jetzt ist, wenn er das nicht gemacht hätte. Dass er erkennt, bevor er wie ein HB-Männchen hochgeht, gibt ihm viel. Dass er viele weitere, für ihn wichtige Erkenntnisse gewonnen hat – viele Techniken kennt, *aber* …, dass ihm das Dranbleiben schwerfällt.

Auf meine geduldige Coaching-Frage »Was brauchen Sie noch, um Ihr Ziel ›Dranbleiben‹ zu erreichen?«, antwortet er regelmäßig: »Das frage ich ja Sie, deshalb komme ich ins Coaching.«

## Wenn die Motivation fehlt

Eines der hilfreichsten Werkzeuge im Coaching ist die Entwicklungspipeline (Hicks & Peterson, 1999; Peterson, 2002). Als Diagnoseinstrument der fünf notwendigen Bedingungen für Entwicklung hilft sie mir, den größten Hebel für Christophs Lernen zu identifizieren. Hier zeige ich auf, wie ich seine Situation analysiert habe, dargestellt in der Reihenfolge, in der sie mir klar wurde:

- **Einsicht:** das Ausmaß, in dem sich Menschen bewusst sind, was sie entwickeln müssen, um größeren persönlichen Erfolg zu erzielen. Christopher war sehr einsichtig. Er hatte erkannt, wie vorteilhaft eine entspanntere innere Haltung für seine Kommunikation und Führungsqualität ist.
- **Fähigkeiten:** das Ausmaß, in dem Menschen über die notwendigen Fähigkeiten und Kenntnisse verfügen. Christopher ist klug, reflektiert und hat die nötigen Fähigkeiten, um in fast allen Bereichen erfolgreich zu sein. Alles, was er sich vornimmt, setzt er auch um.
- **Praktische Anwendung:** das Ausmaß, in dem Menschen die Möglichkeit haben, ihre neuen Fähigkeiten bei der Arbeit zu erproben. Christopher hatte täglich in der Zusammenarbeit mit seinem Team und seinen Kollegen die Gelegenheit, die neuen Fähigkeiten auszuprobieren.
- **Verantwortlichkeit:** die internen und externen Mechanismen, die Menschen dazu bringen, ihre neuen Fähigkeiten zu verinnerlichen, damit sie ihre Leistung und Ergebnisse tatsächlich verbessern. Christopher war insgesamt fokussiert, ein hohes Lern- und Leistungsniveau zu erreichen.
- **Motivation:** die Bereitschaft der Menschen, die Zeit und Energie zu investieren, die es braucht, um sich weiterzuentwickeln.

*Das Wissen um das »Warum« nutzen*

Es dauerte eine Weile, bis ich erkannte, dass vor allem der letztgenannte Aspekt das Haupthindernis für Christophers weitere erfolgreiche Entwicklung war. Aus seinem LPP wusste er, dass Leistung (neben Einfluss) eines seiner beiden Hauptmotive ist. Das bedeutet, dass er herausfordernde und relevante Tätigkeiten sucht, die auch eine tatsächliche Prüfung für ihn darstellen. Tätigkeiten, die es ihm ermöglichen, Kompetenz für zukünftige Herausforderungen aufzubauen.

Das Leistungsmotiv führt dazu, dass er Aufgaben auf einem hohen Schwierigkeitslevel sucht. Nach deren erfolgreichen Bearbeitung entwickelt er ein gutes Gefühl gegenüber sich selbst und seiner

Leistungsfähigkeit. Hier lag die Erklärung, dass er mit dem Dranbleiben immer wieder haderte. Das Schwierigkeitslevel der To-dos, die auf den ersten Blick so banal daherkommen – wie z. B. die STOP-Technik oder Unterbrechertechnik in Konfliktsituationen – erschien ihm viel zu niedrig. Sein Leistungsmotiv scharrte mit den Hufen.

Im Coaching fanden wir heraus, dass er einen detaillierten Action-Plan braucht mit klaren Zeit- und Umsetzungsvorgaben. Gemeinsam gingen wir auch hier an die praktische Arbeit und erstellten eine Übersicht, die den für ihn wichtigen, immer wiederkehrenden »Action-Reflection-Prozess« widerspiegelte:

- **Action – Entspanntheit** (eine Stärke von ihm) üben gegenüber einem Kollegen, der ihn nur durch seine Präsenz zur Weißglut bringt.

  *Konkretes To-do: im Managermeeting am Montagmorgen die STOP-Technik trainieren.*

- **Reflection – Ursache und Wirkung** analysieren; Muster erkennen. Was kann ich besser machen?

Die Maßnahmen waren jeweils verbunden mit klaren Vorgaben: Wie oft? An welchem Tag? Wie lange? Bis wann?

## To do or not to do!

Konkrete To-do-Listen sind der absolute Klassiker für mehr Produktivität. Sie sind das Gegenmittel zur komplexen und überladenen Welt. Eine simple Aneinanderreihung von Aufgaben und Punkten, übersichtlich geschrieben und bereit zum Abhaken. Die To-do-Liste brachte Christopher ins Tun und zum Dranbleiben. Das Abhaken erledigter Aufgaben auf der To-do-Liste hatte für seine Motivation einen weiteren Effekt: Die Leistung zu erbringen, fühlte sich für ihn sehr gut an und motivierte ihn für die kommenden Aufgaben. Zu sehen, was bereits erledigt wurde, und bildlich zu sehen, wie die restlichen To-dos weniger werden, setzte zudem neue Energie frei, um sich den nächsten Herausforderungen zu stellen.

Christopher kommt seit der ersten erfolgreichen Coaching-Phase viermal im Jahr zu »Update-Sessions«, die ihn immer dort unterstützen, wo er seinen aktuellen persönlichen Bedarf identifiziert hat. »Dauerbrenner« und gleichzeitig seine größte Herausforderung bleibt das nachhaltige Dranbleiben an seinen Erfolgen.

# Kapitel 10
# Das Pasta-Prinzip

»Ich bin so leicht abzulenken. Das führt dazu, dass ich kaum mehr einen Vorgang konzentriert abarbeite. Das wiederum führt dazu, dass ich nicht effektiv bin. Dabei ist mir total bewusst – der Mensch kann sich nur auf eine Sache konzentrieren. Wenn ich effektiv arbeiten will, schaffe ich das nur, wenn ich eine Sache gleichzeitig mache. Ich nenne das ›Deep-Work-Phase‹. Dafür muss ich allerdings alles ausschalten – mein Handy, die E-Mails und auch die Kollegen bitten, mich nicht zu stören. Doch genau das ist das Problem: Es fällt mir schwer, die E-Mails auszuschalten, das Telefon umzuleiten und den Kollegen nicht zu helfen, wenn sie kurzfristig eine Frage haben. Ich drehe mich da im Kreis!«

Der Wunsch von Heiko S., Partner in einer WP-Gesellschaft, für dieses Coaching: »Wie komme ich raus aus dem Teufelskreis? Wie gelingt es mir, ›Deep-Work-Phasen‹ einzuhalten?«

## Raus aus dem Teufelskreis

Die Ergebnisse des LPP-Assessment schafften Klarheit für den ersten Schritt: Ein hoher Altruismus, eine große Bescheidenheit verbunden mit hoher Nachgiebigkeit sind tief in seinem Charakter verankert. Die Herausforderung für Heiko S. war, ein neues Verhalten zu erlernen: mehr Selbstfürsorge, positivere Selbstdarstellung und weniger Nachgiebigkeit.

Erste Gedanken und Lösungen, die wir während des Coaching-Prozesses erarbeitet haben:

- Ich muss eine Struktur und Wege finden, wie ich diese neuen Verhaltensweisen im Alltag umsetzen kann. Ich muss lernen, konzentriert an einer Sache zu arbeiten. Ich muss mir einen verbindlichen Plan erstellen und darin intensive Arbeitsphasen eintragen.

Konkrete »Action-Steps« für mehr Selbstfürsorge, die Heiko S. daraufhin entwickelt hat:

- »Deep-Work-Phase« in den Kalender eintragen und konsequent nach außen vertreten.
- Türschild »Please, do not disturb« aufhängen.
- Handybox auf den Schreibtisch stellen und mit Beginn einer »Deep-Work-Phase« das Handy dort hineinlegen.
- Keine Nachrichten lesen.
- E-Mails stummschalten während der »Deep-Work-Phase«.

## Wie Spaghetti Bolognese: »Deep-Work-Phasen« möglich machen

Die beste Idee, wie es ihm gelingt, diese Vorhaben auch nachhaltig umzusetzen, hatte er selbst: »Ich nutze das Pasta-Prinzip! Ich liebe es, Pasta Bolognese zu kochen. Dabei achte ich wirklich auf jedes Detail. Ich nehme mir ganz viel Zeit, und auch die lästigen Arbeiten wie Zwiebel schälen, Knoblauch klein schneiden etc. mache ich mit großer Leidenschaft. Ich lebe dann ganz im ›Hier und Jetzt‹ – klingt etwas schräg für einen WPler –, aber mich entspannt es. Mit der gleichen Leidenschaft, wie ich Pasta-Gerichte koche und unliebsame Tätigkeiten konsequent mache, setze ich ab sofort auch meine ›Action-Steps‹ für mehr Selbstfürsorge um. Dann gelingt mir das bestimmt!«

Auch wenn sein Start zunächst etwas holprig war – nach ein paar Wochen leidenschaftlichen Dranbleibens berichtete Heiko S. erste Erfolge. Es gelingt ihm jetzt, mindestens dreimal die Woche »Deep-Work-Phasen« einzuhalten. Sein Ziel ist, einmal pro Tag drei Stunden. Das Ziel langfristig zu erreichen und seine Herausforderung, weniger nachgiebig zu sein – v. a. als Vorgesetzter –, haben wir gemeinsam in der nächsten Coaching-Sitzung gelöst.

Kapitel 11

# Faszination Persönlichkeit oder: Raus aus dem Fettnäpfchen

Es ist eine Faszination, die ich immer wieder spüre, wenn die Puzzlesteine, die ein Klient teilweise über Jahrzehnte in seinem Leben ohne Passung mitgeschleppt hat, plötzlich ihren Platz finden.

Tim hatte gerade eine neue Stelle als Direktor in einem Fintech-Unternehmen angenommen. Seinen Chef Axel – CDO – kannte er noch aus »alten Zeiten«. Damals waren sie Kollegen, jetzt war Axel sein Chef. In den ersten Meetings hatte sich Tim gleich kräftig ins Fettnäpfchen gesetzt. Selbstverliebt hatte er seine Ideen formuliert – sein tiefes Fachwissen in stundenlangen Monologen vorgetragen, ohne zu merken, dass er seine Zuhörer schon längst verloren hatte. Dazu hatte er einsame Entscheidungen gefällt und die Stimmen aus seinem Umfeld ignoriert. Sein Job, den er gerade mal zwei Monate hatte, stand auf der Kippe. Das Coaching war seine »letzte Chance« – so die klare Formulierung von Axel und dem Eigentümer der Firma. Bestandteil des Coachings war neben der Persönlichkeitsanalyse mit dem LPP ein 360-Grad-Feedback in Form der LPP-Fremdeinschätzung.

## Konkrete Umsetzung statt theoretischer Konzepte

Das Transformational-Leadership-Programm startete für Tim – nach einer Online-Session mit Zielevereinbarung – klassisch mit einer vierwöchigen schriftlichen Online-Analysephase. In einem auf sein Ziel zugeschnittenen »Action-Reflection-Prozess« machte er sich Schritt für Schritt auf den Weg und fand am Ende des Coachings heraus, wie er:

- statt sich an seiner eigenen Kreativität (seine Hauptmotivation) zu berauschen, Themen wie Umsetzbarkeit, benötigte Ressourcen (z. B. Kosten oder Zeit) oder Akzeptanz bei seinen Stakeholdern im Blick behält,
- lernt, konkretes Interesse an der realistischen Umsetzung seiner Ideen zu zeigen, statt in theoretischen Konzepten zu versinken,
- sich selbst weniger stark unter Druck setzt (das Leistungsmotiv war seine zweite Kernmotivation),
- empathischer agiert und mehr Bescheidenheit zeigt.

## Und wieder einmal: Blick durchs Schlüsselloch

Hier ein Einblick in das 360-Grad-Feedback, das Tim von Axel geschenkt wurde – ein ehrliches Feedback zu Tims Empathie-Fähigkeiten: »Was mir gut gefällt, sind Tims strategische Denkweise und seine Fähigkeit, das ›Bigger Picture‹ zu sehen. Er ist sehr analytisch, mit hoher inhaltlicher Expertise – führt äußerst teamorientiert und auf Augenhöhe, Team first!

Tim fehlt allerdings jegliche Sensibilität gegenüber Peers/Stakeholdern. Er sollte sich Fragen stellen wie: Wie verhalte und bewege ich mich in einer komplexen Organisation mit hohen Befindlichkeiten? Ich vermisse einen kollaborativen Ansatz, stattdessen hat er immer den Wunsch, alleine zu entscheiden. Tim erzählt immer, dass er superempathisch und ›humble‹ sei – tatsächlich spüre ich davon fast nichts im Alltag. ›Walk the talk‹ würde ich mir wünschen. Außerdem nerven seine endlos langen PPT-Präsentationen und theoretischen Ausführungen. Weniger Theorie und mehr Pragmatismus – eine schnelle Umsetzung ist meine klare Erwartungshaltung. Für seine Teamführung erwarte ich mehr challengen statt cheerleaden. Für sein Auftreten wünsche ich mir mehr ›Humble‹-sein, den Kollegen zugewandt, offen, ehrlich, vertrauensbildend.«

Auch Kollegen bemängelten seine mangelnde Beziehungsorientierung: »Manchmal denke ich, dass Tim es leichter fallen würde, seine Ideen zu platzieren und Unterstützer zu gewinnen, wenn er mehr

Zeit in Beziehungen investieren würde. Ebenso beim Zuhören und Vertiefungsfragen stellen – hier wäre auch mehr Zeit besser. Tim hält seinem Team immer den Rücken frei, stärkt es, nimmt sich Zeit bei Problemen und moderiert diese auch gut.«

So weit die schriftlichen Gedanken aus der LPP-Fremdeinschätzung.

## »Walk the talk«

Aber von Anfang an. Das Feedback von Vorgesetzten und Kollegen musste Tim erst einmal verdauen. Er war verständlicherweise sehr getroffen. V. a. der Vorwurf, es fehle ihm an Konsequenz in der Umsetzung (Wunsch nach ›walk the talk‹) war schmerzhaft für ihn. Mit den Ergebnissen gingen wir auf Spurensuche für nachhaltige Lösungen.

Die wichtigste Erkenntnis für Tim aus dem LPP war seine hohe Innenorientierung (*Introversion*). D. h., er konzentriert sich auf seine Innenwelt, verbringt gerne Zeit allein und neigt dazu, Probleme und Themen mit sich selbst auszumachen, ohne sein Umfeld miteinzubeziehen. Vielmehr noch: Er lädt seine Energie durch Nachdenken und Reflektieren auf – dazu braucht er kein Sparring.

### *»Ertappt. Genau das bin ich!«*

»›Ertappt. Genau das bin ich!‹ Ich denke meine Ideen und Pläne in meinem Kopf durch und stelle mir die richtigen Fragen. Ich vergesse dann nur, sie auch im Außen zu stellen. Kein Wunder, dass die anderen denken, ich interessiere mich nicht für sie und mache nur mein Ding. Genau genommen war mir das längst klar, ich habe es mir nur lange nicht bewusst gemacht. Mir fällt nämlich gerade auf, dass ich 2018 drei Merkmale aufgeschrieben habe, die mir enorm wichtig sind und an die ich mich gerne öfter halten möchte:

- **Empathy**
- **Curiosity**
- **Humbleness.**

Krass, dass das genau die Kritikpunkte von Axel und den Kollegen sind. Ja, ich hatte mir vorgenommen, empathisch und ›humble‹ zu sein – gedacht habe ich es, gelebt habe ich es nicht. Da fehlte definitiv ›walk the talk‹ – das verstehe ich. So hart das ist. Und wow – was für eine wertvolle Erkenntnis: Es ist meine Innenorientierung in Kombination mit Nachgiebigkeit, die u. a. dazu geführt hat, dass ich die Sachen mit mir selbst ausmache, statt mein Gegenüber ›mitzunehmen‹. Da muss ich mich ab sofort im Alltag bewusst challengen: Wenn ich merke, dass ich einen inneren Dialog starte, lieber den Dialog nach außen kehren und mit dem Gegenüber meine Gedanken teilen (das wird ein harter Weg ...).«

*Sehr hilfreich!*

Sehr hilfreich war für Tim jetzt die Erkenntnis, dass er seinen hohen Enthusiasmus und seine Handlungsinnovation gezielt auch für seine Persönlichkeitsentwicklung einsetzen kann. Seine Eigenschaft, sich schnell für Neues zu begeistern und die Begeisterung auch aktiv mit anderen teilen zu können, konnte er als Booster einsetzen.

So formulierte er im Anschluss an das Coaching diese Erkenntnis: »Ich bin per se neugierig und kritikorientiert. Auch das kann ich für mich nutzen, indem ich mein Verhalten teils umkehre: fragen, statt zu antworten. Zuhören, statt vorauszusetzen. Interessiert bleiben.«

Tim hat viele weitere Erkenntnisse gewonnen – aber eine stach besonders heraus: seine Innenorientierung. Im Dialog mit sich selbst zu sein, kann viele richtige Fragen hervorbringen, aber diese müssen auch zum Leben erweckt werden, indem er aktiv mit den Stakeholdern in den Dialog geht und über Fragen spricht, anstatt Antworten zu geben.

»Eine weitere wichtige Erkenntnis für mich war auch, dass es nicht die eine Lösung gibt und dass jeder Mensch ein Bündel aus Erfahrungen und Erlebnissen mit sich herumträgt, die seine Wahrnehmung beeinflussen.«

## Thema gelöst?

Nein, noch lange nicht! Wie heißt es so schön: Wir haben kein Erkenntnisproblem, sondern ein Umsetzungsproblem. D. h. die Gretchenfrage war nun – wie gelingt es Tim, diese Erkenntnisse im Alltag umzusetzen? Schließlich möchte er 2028 stolz feststellen können, eine nachhaltige Veränderung seines Verhaltens verinnerlicht zu haben, und nicht wieder mit Schrecken realisieren, dass weitere fünf Jahre vergangen sind und nichts passiert ist.

Leider gelingt eine Verhaltensänderung i. d. R. nicht wie das Umlegen eines Schalters. Im Gegenteil – die Veränderung alter Gewohnheiten erfordert anhaltende Aufmerksamkeit, Motivation und vor allem Selbstdisziplin. Gar nicht so einfach im oft überfrachteten Alltag. In meinen Coachings arbeite ich mit der »Nudge-Technik«. Die Theorie stammt von dem britischen Wirtschaftswissenschaftler Richard Thaler, der 2008 das Buch mit dem Titel »Nudge: Wie man kluge Entscheidungen anstößt« veröffentlichte. Darin beschreibt er die »Nudge-Theorie« als Methode zur Unterstützung von Menschen bei der Verbesserung ihrer Entscheidungen und der Ausübung besserer Selbstkontrolle.

Im Wesentlichen geht es darum, kleine, praktische Anreize (»Nudges«) als kleine Wegweiser für langfristig vorteilhafte Entscheidungen zu entwickeln. Kleine Schritte, um Gehirn und Verhalten in die richtige Richtung zu lenken. Zum Beispiel: die Schokolade weit wegzulegen (oder gar nicht erst einzukaufen) und einen Obstkorb auf den Tisch zu stellen, wenn man auf dem Sofa sitzt und weniger naschen möchte. Lieber drei Seiten jeden Tag in einem Buch lesen und auf diese Weise eine Lesegewohnheit entwickeln, als in Pausen immer »im Handy zu versinken«.

*So gewinnen Sie den Marathon!*

Ein Beispiel aus dem Sport belegt diese Theorie eindrucksvoll: Die Marathonläuferin Joan Benoit Samuelson war die allererste Olympiasiegerin im Marathonlauf der Frauen, als sie bei den Olympischen

Sommerspielen 1984 in Los Angeles, dem Jahr, in dem der Marathonlauf der Frauen in die Spiele aufgenommen wurde, die Konkurrenz besiegte. Wenn sie läuft, scannt Samuelson die Läufer vor ihr. Sie wählt einen aus – zum Beispiel einen Läufer in rosa Shorts – und überholt diesen. Dann identifiziert sie eine neue Farbe oder Marke und überholt auch diese. Sie nimmt das große Ziel, das weit entfernt ist – in ihrem Fall zu Beginn etwas mehr als 42 Kilometer – ein Ziel, das für die meisten von uns sicher unmöglich zu erreichen scheint –, und zerlegt es in überschaubare Teile. Samuelson legte Ziele fest, die herausfordernd, aber erreichbar sind, inspirierend, ohne erdrückend zu sein, Ziele, die sie antreiben, schneller zu werden, ohne sie zu erschöpfen.

Für Verhaltensänderungen im Führungsalltag gilt das Gleiche. Je kleiner und überschaubarer das Ziel, desto leichter ist es zu erreichen. Tim fand im Coaching konkrete »Nudges«, die ihm helfen, erfolgreich zu sein. Hier ein Auszug.

*Jeder hat seine Top-drei-»Nudges«*

»Ab sofort klebe ich Post-its auf meinen Schreibtisch mit einer klaren ›Memory-Botschaft‹:

- **Schreib auf!** Wenn ich mitschreibe beim Zuhören, bleibe ich automatisch mit meinen Gedanken bei meinem Gegenüber und schweife nicht ab. Das hilft mir dabei, mehr Empathie zu leben und auch ›mehr humble‹ zu sein, weil ich meine Neugier zeige für das, was der andere denkt.
- **Stell Fragen!** Die Erinnerung hilft mir, mich tatsächlich auch dafür zu entscheiden, Fragen zu stellen. Oftmals denke ich, ich könnte jetzt eine Frage stellen, entscheide mich dann aber dagegen. Mit dem Post-it werde ich mich dafür entscheiden. Auch das unterstützt mein Ziel ›mehr humble‹ und empathischer zu sein.
- **Neues ausprobieren/experimentieren:** kurze und knappe Kommunikation, v. a., wenn ich das Bedürfnis habe, mehr Detail in den Diskurs zu bringen. Hier ›experimentiere‹ ich, indem

ich folgende Fragen wie Vokabeln übe und täglich einsetze: Wie könnte es weitergehen/was können wir noch lernen? Wo hättet ihr offene Fragen? Seht ihr zusätzliche Chancen?«

*Allein das Gefühl ist cool!*

Auf die Frage, wie er den Intensivtag insgesamt bewerte, schrieb Tim: »Der ganze Tag war so gestaltet, dass ich mich wohl und gut aufgehoben gefühlt habe. Gleichzeitig aber mit der entsprechenden Distanz, die sein muss, um auch kritisch zu arbeiten. Ich hatte den Eindruck, dass Sie sich intensiv mit meinem Profil auseinandergesetzt haben und mir entsprechend wertvolle Tipps und Feedback geben konnten. Ich hatte eben nicht den Eindruck ›yet another client‹ zu sein. Allein das Gefühl ist cool.«

Das schönste Ergebnis bekam Tim in Form des Feedbacks von »ganz oben« – der Unternehmensleitung: »Lieber Tim, ich beobachte in den vergangenen Wochen eine Entwicklung bei dir, die ich sehr positiv finde: klarere, direkte und verständlichere Kommunikation deines wertvollen Know-hows, gute Teamarbeit und ein pragmatisches Vorantreiben von notwendigen Entscheidungen. Weiter so, und ich freue mich auf die gemeinsame weitere Reise.«

Dieser dreimonatige Coaching-Prozess legt die Basis für Selbstführung (»lead yourself«). Mit jedem gesetzten »Nudge«-Ziel und der Reflexion gewinnt mein Klient an Klarheit und Selbstvertrauen. Die intensive schriftliche Phase verankert die im Live-Coaching erarbeiteten Lösungen und schärft die Fähigkeit, sich selbst zu führen.

Am Ende unseres gemeinsamen Teils seiner Reise war er mit neuen Fähigkeiten und verstärkter Zielorientierung ausgestattet, um seine Herausforderungen mit größerer Leichtigkeit zu meistern. Eine nachhaltige Investition in sein Potenzial. Dieses Coaching ebnet den Weg für eine Zukunft der Selbstentwicklung und Transformation – ein wahrhaftiges Geschenk, das er sich selbst gemacht hat.

# Kapitel 12
# **Mehr Mensch(eln) bitte!**

Zugegeben, es gibt Branchen, da wird noch so richtig nach »alter Väter Sitte« geführt. Mein Klient ist in so einer Branche groß geworden. Er selbst ist jung – gerade mal 34 – und schon Vorstand.

»Als Ingenieur ist mir menscheln fremd. Als Vorstand merke ich, dass ich mit meiner introvertierten und sachlichen Art die Mitarbeiter verliere. Jetzt planen wir eine Transformation im Unternehmen, und ich möchte natürlich Vorbild sein. Bei den strategischen Themen gelingt mir das – bei den Führungsthemen spüre ich: Da geht noch was.«

Diesen Satz hatte mein Klient in der schriftlichen Auftragsklärung – im Vorfeld des Intensivtages – formuliert.

## Mensch!, da geht noch was

Heute haben wir acht Stunden Zeit. Basis für den Coaching-Tag sind sein LPP und seine intensive Vorarbeit während der Pre-Coaching-Phase in den vier Wochen zuvor.

Die Ergebnisse seines LPP spiegeln klar sein Gefühl: eine hohe soziale Rationalität verbunden mit einer sehr niedrigen Empathie, gepaart mit hoher Innenorientierung, großer sozialer Unabhängigkeit (d. h., ihm ist z. B. nicht wichtig, was andere von ihm denken) – dazu der höchste Wert bei »faktenorientierter Entscheidung«. Ein geringer Wert für »Sinn für Ästhetik« machte den »Ingenieurspersönlichkeitscocktail« für ihn komplett. Ein spannendes Detail, wie er selbst später für sich herausfindet.

Wir starten das Coaching mit einem »Deep Dive« in seine Persönlichkeit. Dazu entwickeln wir im ersten Schritt eine Leitfrage, die ihn durch die LPP-Analyse begleitet – analog zu seiner Herausforderung:

»Wie gelingt es mir, in der Interaktion mit meinen Mitarbeitern mehr zu menscheln und weniger im Ingenieur-Mindset zu handeln?«

Durch den weiteren Coaching-Prozess leite ich ihn mit Fragen: »Welche Situation fällt Ihnen ein, in der Sie mehr menscheln möchten?«

Der Klient überlegt nur kurz.

»Ich habe einen Mitarbeiter, der wirklich sehr leistungsstark ist. Ich mag den Mitarbeiter auch. Ich kenne ihn aber im Grunde überhaupt nicht. Wir arbeiten nur auf rein sachlicher Ebene zusammen. Er hatte Corona und war längere Zeit krank. Kam dann zwar gesund wieder zurück – ist aber nicht mehr so leistungsstark. Ich habe mich in der vergangenen Woche öfter über ihn geärgert und meinem Ärger auch Luft gemacht. Jetzt, wo wir reden, fällt mir auf, dass ich ihn nie gefragt habe, ob er noch mit Nachwirkungen zu kämpfen hat.«

»Wie möchten Sie sich in dieser oder einer ähnlichen Situation in Zukunft verhalten? Welches Verhalten möchten Sie in Zukunft zeigen, das Sie in der Vergangenheit nicht gezeigt haben?«

Hier geht es im Coaching nicht darum, irgendein Zielverhalten zu definieren, das perfekt ist. Es geht darum, über die Persönlichkeitsmerkmale herauszufinden: Was kannst du tun – welches Verhalten passt zu dir – was ist realistisch?

Der Klient denkt nach. Ich lasse ihm Zeit.

Was hat der Sinn für Ästhetik mit menscheln zu tun? Das Erstaunliche im Coaching ist, dass Klienten – v. a. wenn man ihnen ausreichend Zeit lässt – häufig auf sehr unkonventionelle und gleichzeitig effektive Lösungen kommen. So auch diesmal.

## Mehr Mensch als Fakt – so geht's auch

»Ich sehe im LPP und kann das nur bestätigen, dass ich einen sehr niedrigen Sinn für Ästhetik habe. Das bedeutet ja, dass für mich

Zweckmäßigkeit und Funktionalität stark im Vordergrund stehen. Meine Begeisterungsfähigkeit für Kultur oder ähnliche Themen hält sich in Grenzen. Das passt. Ich könnte hier mal rausgehen aus meiner Komfortzone und meinen Mitarbeiter bei seinen Interessen abholen. Die kenne ich ja gar nicht. Und – als faktenorientierter Mensch erkenne ich: Den Menschen in den Mittelpunkt zu stellen, ist faktisch ein wichtiges Führungsthema. Diese Erkenntnis hilft mir.«

»Wie gelingt es Ihnen, die Interessen Ihres Mitarbeiters zu erkunden? Was können Sie konkret tun?«

Mit dieser Frage bringe ich ihn dazu, Handlungsschritte zu entwickeln, um sein Ziel »mehr menscheln« zu erreichen. Über weitere Fragen und einen intensiven Gedankenaustausch entwickelt er die Idee, mit seinem Mitarbeiter »einfach mal lunchen zu gehen«.

»Welche Ihrer Charakterfacetten können Sie dabei unterstützen? Wie könnten Sie das Lunch vorbereiten?«

»Ich könnte meinen sehr hohen Altruismus ausleben, wenn es um andere Menschen geht. Also meine Sorge um andere auch auf meine Kommunikation ausweiten.«

»Wie genau würden Sie das umsetzen?«

Wir sammeln seine Vorschläge:

- Aktives Nachfragen bzw. assoziatives Zuhören im Gespräch.
- »Wie geht es Ihnen gesundheitlich?«
- »Brauchen Sie Unterstützung?«
- Empathie zeigen – Einfühlen in den Mitarbeiter.
- Meine Bescheidenheit nutzen und Nähe schaffen auf Augenhöhe statt »von oben herab« als Vorstand.
- Meine hohe emotionale Stabilität nicht auf den Mitarbeiter »einfach« übertragen.
- Mitgefühl formulieren statt Kritik: »Ich mach mir Sorgen um dich …«

Seine Ideen haben den Vorteil, dass sie übertragbar sind auf andere Mitarbeiter. So kann er die Situation mit diesem Mitarbeiter als »Role

Model« für sich nutzen. Wichtig ist, dass die Idee nicht in der Theorie des Coaching-Tages »hängen« bleibt – deshalb frage ich ihn:

»Wie genau sieht Ihre Planung aus? Wann findet der erste Lunch statt?«

Sofort schaut er in seinen Kalender und den des Mitarbeiters und blockt einen ersten gemeinsamen Mittagstermin. Dass er selbst in die Terminkoordination geht, statt seine Assistentin zu beauftragen, führt uns zum nächsten Thema: weniger Mikromanagement – mehr Delegation. Der achtstündige Intensivtag lässt uns ausreichend Zeit. Er gibt uns die Flexibilität, auf unterschiedlichste Herausforderungen, die in seinem Vorstandsalltag anstehen, aktuell einzugehen und Lösungen zu finden – und an dieser Stelle »geht auch noch was«.

# Kapitel 13
# »Die soll sich nicht so anstellen«

»Sie können es sich nicht vorstellen. Ich gebe wirklich alles für meine Mitarbeiter. Ich motiviere sie nach bestem Wissen und Gewissen. Es gibt Incentive-Reisen, Mitarbeiterangebote ohne Ende, ein Sportstudio im Firmengebäude, Yogakurse usw. Jetzt haben wir im Unternehmen gerade harte Zeiten, und es herrscht extrem hoher Druck am Markt. Meine Mitarbeiter bekommen wirklich alles. Das Einzige, was ich verlange, ist, dass sie für die vielen Leistungen, die ich ihnen biete, auch mal schnell liefern, und ich bin überzeugt, dass sie dankbar sein können, so einen Chef zu haben«, Ralf S., Eigentümer einer mittelständischen Private-Equity-Firma, redete sich in Rage. »Das war auch der Grund, warum ich eine Mitarbeiterbefragung gemacht habe. Das Ergebnis war allerdings vernichtend. Ich kann es immer noch nicht glauben. Ich würde alles tun, damit die Ergebnisse beim nächsten Mal gut sind. Was empfehlen Sie mir?«

»Was könnte ein erster Schritt sein?«, will ich von meinem Klienten, Ralf S., wissen.

## Dankbarkeit schulen?

»Eine Schulung, die den Mitarbeitern noch mal vor Augen führt, was wir als Unternehmen alles für sie tun«, war seine prompte Antwort.

Darauf bat ich ihn, seinen energetischen »Vortrag«, den er kurz vorher gehalten hatte, noch einmal zu wiederholen, und wir nahmen ihn auf seinem Smartphone auf. Anschließend stellten wir mehrere Stühle auf, die seine Mitarbeiter symbolisierten, und er nahm auf einem der Stühle Platz.

»Welcher Mitarbeiter, glauben Sie, ist besonders unzufrieden?«, frage ich Ralf S.

»Nicole M., eine hochintelligente Marketingfachfrau, gefühlt ständig am Handy oder beim Yogakurs, den wir übrigens auch anbieten, und angeblich mit Burn-out-Tendenzen, die ich gar nicht nachvollziehen kann. Wenn ich ihr mal sage ›Erledigen Sie den Vorgang bitte jetzt‹, dann schaut sie mich fast verständnislos an und scheint zu überlegen, wann es in ihren Rhythmus passt. Wenn ich dann sage ›Ich meinte jetzt‹, dann macht sie es zwar, aber widerwillig. Kollegen von ihr sagen mir jetzt, dass sie mit dem Druck, den ich mache, nicht klarkommt. Ja, meine Güte, die haben doch alles – ich motiviere die Menschen halt auf meine Art. Wo ist denn da Druck, wenn man mal etwas schnell oder jetzt direkt machen soll?«

## Rollentausch

Auf einen der Stühle schreibt er den Namen der Mitarbeiterin, und ich bitte ihn, sich ein paar Minuten Zeit zu nehmen und sich in Nicole M. einzufühlen. Zunächst schaut er mich verständnislos an – lässt sich dann aber im Rahmen seiner empathischen Möglichkeiten auf den Prozess ein. Dann drücke ich auf seinem Smartphone auf »Play« und spiele seine »energetische« Nachricht ab, während er in der Rolle von Nicole M. zuhört.

Das Ergebnis verblüfft ihn. »Puh – das ist heftig. Das hätte ich nie gedacht. Meine Stimme klingt fordernd – meine ganze Energie, die ich motivierend meine, trifft Nicole M. hart –, das macht tatsächlich Druck. Hätte ich nie gedacht.«

## Blinde Flecken

Ralf S. hat einen sogenannten blinden Fleck bei sich entdeckt. Unter blinden Flecken versteht man Persönlichkeitsanteile, die sich der eigenen Wahrnehmung entziehen, im Umfeld aber sehr gut bekannt sind.

Wie bei Ralf S.: Nicole M. kannte die schwierigen Seiten von Ralf S. und hatte sie in der Mitarbeiterbefragung sehr klar formuliert. Ralf S. hingegen war überhaupt nicht bewusst, dass er großen Druck ausübte, während er wiederum die schwierigen Seiten seiner Mitarbeiterin sehr gut benennen konnte.

Die Mitarbeiterbefragung und die anschließende Übung im Coaching brachten ans Tageslicht, was typisch für den blinden Fleck ist: eine relativ große Diskrepanz zwischen der Eigen- und der Fremdwahrnehmung des problematischen Verhaltens. Ralf S. war sich sicher, dass er ein großer Motivator ist – Nicole M. hingegen fühlte sich von ihm ständig unter Druck gesetzt. Auf Dauer birgt ein blinder Fleck häufig eine gewisse Sprengkraft, insbesondere wenn es um Mitarbeiterführung geht. Die »Bombe« explodiert dann oftmals aufgrund der Kluft zwischen der Selbsteinschätzung der Führungskraft und der Einschätzung des relevanten Umfelds.

Das LPP-Fremdbild, dass wir am darauffolgenden Intensivtag in den Fokus stellten, ermöglichte ihm dann einen systematischen Abgleich zwischen Selbstbild und Fremdbild, verbunden mit einem 360-Grad-Feedback-Prozess aus seinem Umfeld. Mittels anschaulicher Grafiken konnten wir so Abweichungen sowie Übereinstimmungen zwischen seinem Selbst- und dem Fremdbild seiner engsten Mitarbeiter auf einen Blick darstellen. Im anschließenden Coaching-Prozess deckten wir auf Basis der Fremdeinschätzung weitere blinde Flecken auf, und er erkannte Chancen für seine persönliche Weiterentwicklung, die wir im weiteren Coaching-Prozess erfolgreich adressieren konnten.

# Kapitel 14
# **Die Dosis allein macht das Gift**

»Sie scheint gar nicht zu spüren, wie sie wahrgenommen wird. Sie erschlägt uns gerade mit ihren Ideen. Genau genommen baut sie auch jede Menge Luftschlösser – völlig an der Praxis vorbei. Sie hat überhaupt kein Gespür dafür, dass sie nicht respektiert wird. Sie ist z. B. eine der Hauptpersonen, die das ERP-Projekt an die Wand gefahren haben – sie merkt das nicht. Sie liefert und produziert immer weiter. Super zäh – nicht vom Weg abzubringen –, das irritiert mich bei ihr. Sie muss doch die Schwingungen wahrnehmen. Andererseits ist sie ein echtes Brain, das wir unbedingt in der Firma halten wollen. Das klare Ziel fürs Coaching ist: mehr Sensibilität anderen gegenüber.«

## Wenn dem Juwel der Schliff (noch) fehlt

Der Anruf, der mich vom Firmeneigentümer erreichte, war hochemotional. Die Mitarbeiterin – eine Direktorin aus seinem Team – war zwar ein Juwel, ihr fehlte aber offensichtlich jedes Gespür für ihr Umfeld. Mit dieser Info und einer darauffolgenden Auftragsklärung starteten wir ins Coaching. Schnell wurde klar, wo der Hase im Pfeffer liegt: Die Direktorin hatte Leistung im Doppelpack in ihrem Charakter. Einerseits war sie maximal leistungsorientiert und zum anderen maximal leistungsmotiviert. Sie liebt es, sich mit anderen im Wettkampf zu messen, und das Gefühl, diesen Wettkampf zu gewinnen. Dafür ist sie bereit, alles einzusetzen. In ihrer anschließenden Reflexion zur Leistungsorientierung kam sie zunächst der Ursache und dann der Lösung auf die Spur:

*Schneller – höher – weiter*

»Ich messe mich innerlich bei nahezu jeder Aktivität: Als kleines Mädchen z. B. wollte ich Mini Miss im Robinson Club werden (eine Art Mini-Olympiade): Ich habe heute noch die Goldmedaillen von damals und spüre nach wie vor, wie stolz ich war, die Größeren besiegt zu haben. In der Schule beim Geräteturnen habe ich immer Figuren geturnt (turnen wollen), die nicht mehr auf dem Lehrplan standen. Nur um am Ende eine andere Choreo als die anderen zu tanzen. Ich wollte nicht nur joggen gehen, sondern gleich Triathlon laufen und hier direkt zu den besten Amateuren gehören. Nicht nur mitmachen. Auch in der Freizeit ist das so. Egal, was ich tue, und sei es einfach nur kochen. Wenn ich für Freunde koche, will ich es besonders toll machen – z. B. das Steak exakt so braten wie im Restaurant, einen perfekten Espresso zubereiten, den ich aufs Milligramm abwiege und die Zeit stoppe, die er aus der Maschine läuft. Ich kann de facto nicht einfach etwas tun. Im Kopf geht's bei mir sehr schnell darum, wie gut ich es mache.«

Ich frage nach: »Zunächst einmal wünschen sich Arbeitgeber ja Mitarbeiter, die hochleistend sind. Was stört Sie an Ihrer Leistungsorientierung und wie, glauben Sie, wirkt sie auf Ihr Umfeld – Vorgesetzte, Mitarbeiter, Kollegen?«

»Mein innerer Druck lässt mich verkrampfen, macht mich verwundbar, wenn andere mein Streben nach Anerkennung und Leistung sehen und ausnutzen. Es kann zudem für meine Mitarbeiter und auch Kollegen anstrengend werden.«

»Möchten Sie sich von Ihrem Leistungsmotiv in Zukunft mehr oder weniger leiten lassen als bisher?«

»Grundsätzlich mag ich es eigentlich, dass ich nach maximaler Leistung strebe. Ich würde es gerne dosieren und kanalisieren: Nicht immer ist Höchstleistung wichtig und richtig, aber in bestimmten Situationen umso mehr. Wenn ich es zielgerichtet nutze und parallel entspannter damit umgehe, fände ich es sehr gut.«

## Leistung richtig kanalisieren

Gemeinsam entwickeln wir während des sechsstündigen Intensivtages einen Leitfaden, der sie bei ihrem Ziel unterstützt, ab sofort ihre Leistungsorientierung im Alltag zu dosieren und zu kanalisieren:

1. **Schritt:** Gehe im Alltag in die Beobachterhaltung. Spüre in dich hinein, was Leistung mit dir macht. Entwickle ein Gefühl für dich selbst – spüre in dich hinein, was in dir liegt und möglicherweise unsichtbar/verborgen ist. Wenn Anerkennung für dich eine wesentliche Motivation ist – frage dich: Wer möchte ich sein, wenn ich ganz allein bin/wenn mir keiner zuschaut?

   *Frage dich: Was konkret kann ich mir selbst erlauben, was mein Leben entspannter macht? Wie könnte es mir gelingen, ein achtsameres Leben zu führen oder mir selbst besonders nahe zu sein? In welchen Situationen will ich handeln und Leistung zeigen? Welchen Menschen gegenüber bzw. in welchen Situationen sollte ich meine Leistungsorientierung dosieren/kanalisieren?*

2. **Schritt:** Welches Tool/welche Metapher könnte dir bei der Dosierung helfen?

   *Meine Klientin entwickelte ein gedankliches Thermostat mit einer Skala von 1 bis 10, mit dem sie ihre Leistung dosieren kann. Kombiniert mit dem Vorhaben, vor jeder Aktion sich selbst bewusst zu machen, wie viel Leistungsorientierung sie investieren möchte. Welches Tool könntest du dir in dieser Situation vorstellen?*

3. **Schritt:** Umsetzung, also konkrete Integration des Dosierungstools in den Alltag.

   *Meine Klientin verknüpfte die Thermostat-Idee ganz konkret mit einem To-do: Erstellen einer Power-Point-Präsentation für das bevorstehende Board-Meeting. Dazu ging sie zunächst in die Beobachterhaltung – stellte dann gedanklich ihr Leistungsthermostat auf 6 von 10, mit dem Ziel, statt bisher*

*50 Seiten nur zwei Seiten komprimiertes, gut nachvollziehbares Wissen abzuliefern.*

Durch das Coaching hat meine Klientin gelernt, ihre Leistungsorientierung bewusst zu dosieren und einen achtsameren Lebensstil zu entwickeln. Mit neuen Tools und Strategien konnte sie ihr Arbeitsverhalten optimieren und ihre Ziele effizienter erreichen, was zu einer insgesamt entspannteren und erfüllenderen Lebens- und Arbeitsweise führte.

*Glänzendes Juwel*

Schon zwei Wochen später – nach der ersten Präsentation – erreichte mich zusätzlich ein tolles Feedback des Eigentümers: »Danke für Ihre abermals wertvolle Begleitung einer unserer wichtigsten Mitarbeiterinnen. Der – positive! – Veränderungsprozess, den sie seit Ihrer Zusammenarbeit durchläuft, ist für uns alle spürbar und erlebbar. Vor allem im unmittelbaren Umgang mit den Kollegen fällt ihr Bestreben nach mehr Klarheit und Verständlichkeit in der Kommunikation auf. Damit schafft sie endlich die Teilhabe an ihrem Wissen, die sich alle wünschen. Im neu zueinanderfindenden Miteinander zeigen sich außerdem die positiven Auswirkungen auf solide, konstruktive Entscheidungsfindungsprozesse – für uns im Vorstand ein echter Zugewinn.«

# Kapitel 15
# Sechs Schritte, wie Transformation gelingt

»Was ist der Schlüssel zum Change-Erfolg? Wie gelingt es uns, den geplanten Transformationsprozess erfolgreich zu durchlaufen«, will mein Klient Johannes M., CEO eines Familienunternehmens aus der Immobilienbranche, von mir wissen. »Wieso gelingt dem einen Unternehmen Change und dem anderen nicht? Heute«, so der Coachee weiter, »möchte ich Ihnen in erster Linie zuhören. Ich schätze Ihre Philosophie und Ihr strategisches Wissen. Ich weiß, Fragen führen uns, aber können Sie mir heute mal quasi eine Vorlesung geben und meine Frage beantworten, statt mir welche zu stellen?«

Wow – was für ein cooler Einstieg in einen Intensivtag. Wir hatten acht Stunden. Also war ich mir sicher, dass ausreichend Zeit sein würde für meine und seine weiterführenden Fragen und auch ein paar Antworten, die er bisher so vermisste.

## Endlich mal Antworten, bitte, Frau Segschneider

Den Menschen etwas Vertrautes zu nehmen, ist schwer. Die Menschen lieben Beständigkeit, wir sind in unserem Innersten Bewahrer. Das macht den Change, die Transformation vielfach so schwer. Menschen sind aber auch »Herdentiere« – sie schauen, was machen die anderen, also was lebt der Vorstand vor, wie verhalten sich die Führungskräfte etc.

Hier *sechs goldene Regeln* fürs Gelingen. Und es gibt noch viel mehr!

- **Der Fisch stinkt vom Kopf.** Und deshalb ist der erste und meiner Erfahrung gleichzeitig entscheidende Schlüssel: Der Kopf = der Vorstand/das Management müssen den Change authentisch verkörpern. Trommeln Sie alle Kollegen zusammen und wagen Sie z. B. einen provokativen Pain-Point-Workshop – wo stinkt es bei uns?
- **Der zweite Schlüssel heißt Nachhaltigkeit.** Die Führung muss sich darüber im Klaren sein, dass ein Transformationsprozess kein 100-Meter-Lauf ist, sondern definitiv ein Marathon und möglicherweise sogar ein Ultra – das sind 100 Kilometer! Dazu gehört, dass für alle Vorstände klar ist: Mit diesem Unternehmen wollen wir die nächsten Jahre gestalten – wir sind nicht nur auf Abruf tätig und sagen dann: »Nach mir die Sintflut.« Wir committen uns für den Transformationsprozess und stehen zu 100 Prozent dahinter. Dann beginnen auch die Mitarbeitenden an den Erfolg zu glauben. Statt Lippenbekenntnissen geht es um authentisches und langfristiges Commitment.
- **Der dritte Schlüsselfaktor heißt Mensch.** Es geht darum, die Menschen mitzunehmen, und zwar wirklich. Laden Sie alle Mitarbeitenden ein, den Prozess mit ihren Ideen zu begleiten. Fragen Sie: »Wo sind eure Pain Points? Was meint ihr – woran kranken wir? Was können wir besser machen?« Sammeln Sie ehrlich-offen die Ideen – nicht als Pseudospielchen an bunten Flipchart-Wänden mit aufwändigen Design-Thinking-Prozessen. Nichts gegen Design-Thinking. Das ist ein wertvolles Tool, wenn die Philosophie dahinter stimmt. Fatal sind Workshop-Tage, die »Ringelpiez mit Anfassen« machen – gruppendynamische Veranstaltungen, bei denen gelbe Zettel ausgehängt werden, die anschließend nicht fotografiert werden dürfen. Es geht eben auch um Transparenz. Teilen Sie die Erkenntnisse mit dem ganzen Unternehmen. Hören Sie weiter zu, nehmen Sie die Menschen mit, gehen Sie in die Diskussion, halten Sie Diskurs aus, gegenhalten, hinterfragen Sie: Warum geht es nicht? Wie geht es dann?

- **Der vierte Schlüsselfaktor heißt Zuhören.** Beispiel: Sie laden Mitarbeitende aus allen Unternehmensbereichen ein. Ohne eine »Vorgabe«. Wecken Sie Neugier und schauen, wer/wie viele sich melden – das ist schon der erste Erkenntnisschritt! Die, die der Einladung folgen, dann ernst nehmen und auf ihre positive Multiplikatoren-Wirkung setzen. Vielleicht haben sich in der ersten Runde 80 Mitarbeitende gemeldet. Die setzen Sie dann z. B. an acht Tische – jeweils zehn Mitarbeitende – zufällig zusammengestellt. Jeder Tisch hat zur Aufgabe, die Sorgen und Nöte anzuhören – daraus Ideen zur Verbesserung zu entwickeln, Fragen rund um die Transformation zu stellen und zu beantworten, Dialog und Diskurs aktiv umzusetzen mit dem Ziel, zum Ende des Workshops die Ideen, Impulse, Bitten für den Transformationsprozess vorzustellen. Diese Ideen werden dann von einem Dialogteam geclustert und dem Vorstand – z. B. in einer öffentlichen Online-Session – präsentiert. Jetzt kennen Sie die Schmerzpunkte im Unternehmen. Daraus können Sie dann Leitsätze für Ihr Unternehmen entwickeln – zehn Imperative, die aufzeigen, wie Sie sich als Unternehmen für die Zukunft aufstellen – im Bereich Führung, Nachhaltigkeit etc.
- **Im fünften Schritt geht es um Accountability.** Es ist entscheidend, Verantwortung zu übernehmen und die entwickelten Inhalte nutzbar zu machen. Es geht ums konkrete Umsetzen. Um Accountability zu erreichen und die Nachhaltigkeit zu sichern, ist es wichtig, die Vorstandsarbeit eng mit den Leitsätzen zu verknüpfen. Eine Umsetzungsidee ist, dass jeder Vorstand z. B. ein Sponsoring für drei Leitsätze übernimmt. Damit ist er gleichzeitig verantwortlich für den Erfolg dieser Leitsätze. »Ich (Vorstand) bin Sponsor dieses Themas und sorge dafür, dass es läuft.« Dieses »es läuft« ist natürlich leichter gesagt als getan. Im Transformationsprozess greife ich an diesem Punkt gerne wieder auf die Schwarmintelligenz im Unternehmen zurück. Gründen Sie Arbeitsgruppen, die sich für den Erfolg committen und die Accountability sicherstellen. Die Aufgabe: Was können wir mit den Erkenntnissen machen? Welche konkreten Umsetzungsstrategien

entwickeln wir? Welche Quick Wins gibt es? Was sind die Langläuferthemen? Wie z. B. Mitarbeitende und Führung: Führung ist ein Problem in vielen traditionellen, mittelständischen Unternehmen. Viele Mitarbeitende in Leitungsfunktionen können nicht führen – führen »nach alter Väter Sitte« noch über Angst und Druck. Jetzt geht es um die Frage: Wie wollen wir stattdessen führen? Hier ist es wichtig, dass Sie eine heterogene Arbeitsgruppe haben. Sie brauchen auch die Bremser, die Bewahrer, die häufig einen Großteil der Mitarbeitenden repräsentieren. Nur gemeinsam gelingt es, einen Weg hin zu besserer Führung zu finden. Als Nächstes stehen die Fragen im Raum: Wie bringen Sie die Umsetzungsideen in die Mannschaft? Wie gelingt es, die neue Philosophie nachhaltig im Unternehmen zu verankern?
- **Und last but not least brauchen Sie eine Strategie für die Totalverweigerer** (ja, genau, für und nicht gegen!) – einen Weg, wie Sie mit Menschen und ihrer Angst vor Veränderung umgehen. Da ist es u. a. wichtig, dass man die Mitarbeitenden befähigt, mit Kollegen und deren Widerstand umzugehen. Machen Sie z. B. deutlich: Wir erwarten nicht, dass du die »Bewahrer« bekehrst oder bekriegst – du darfst weiter ein gutes kollegiales Verhältnis haben. Wer nicht mitmachen will – das ist super schade, und wir freuen uns, dass du anders unterwegs bist. Wenn du Hilfe brauchst, sind wir jederzeit da. Wenn du das Gefühl hast, dass es Probleme gibt, lass es uns wissen.

Für meine »Antworten« war Johannes M. dankbar. Unter anderem mit ihrer Hilfe hat er an diesem Coaching-Tag auf so manche weitere seiner und dann auch wieder meiner Fragen selbständig Antworten gefunden.

# Kapitel 16
# Das Kaffeeautomaten-Desaster

Geld wirkt nur, wo es Mittel zum Zweck ist – es ist nicht das Alleinseligmachende! Das zeigt ein Beispiel, das – bevor wir gemeinsam den Transformationsprozess entwickelt haben – einem meiner Kunden passiert ist: Der größte »Rohrkrepierer« im Bemühen »den Mitarbeitenden etwas Gutes zu tun«, war die Anschaffung neuer, sehr hochwertiger Kaffeeautomaten. Nach vielfältigen, immer wiederkehrenden Beschwerden, es würde nichts für die Mitarbeiter getan – es gäbe nicht einmal Kaffeeautomaten –, wurden teure Geräte aufgestellt und fünf Flure weiß gestrichen. Dafür wurde der Vorstand ausgelacht.

Der wiederum hat erst einmal die Welt nicht mehr verstanden: »Ihr wolltet doch Kaffeeautomaten!«, war die verärgerte Reaktion. Dabei war der Ruf nach Kaffeeautomaten ja nur ein Pars pro Toto.

## Die Wahrnehmung neu ausrichten

Ganz offenkundig war mein Klient aufrichtig irritiert und sich vor allem keiner Schuld bewusst.

Mit dem nachfolgenden Gedankenanstoß löste ich die Wahrnehmungsblockade: »Transformation ist eine Haltung, die vom Vorstand vorgelebt und von der gesamten Mannschaft getragen werden muss. Man muss die notwendigen – oft auch schmerzhaften Schritte – alle wollen. Wenn ich Transformation wirklich will, dann suche und finde ich genau die Möglichkeiten, dass ich sie auch bekomme. D. h. z. B., den Mitarbeitern wirklich zuzuhören! Ihre Ängste ernst zu nehmen und authentisch zu vermitteln, dass Sie als Führungskraft Verständnis für ihre Bedenken haben. Transformation in der Chefetage zu entwickeln, ein paar ›Zückerchen‹ an die Mannschaft zu verteilen, sie aber im Wesentlichen zur Umsetzung zu verdonnern – da ist das Scheitern programmiert. Entscheidend ist, möglichst viele Mitarbeiter für die eigentliche Transformationsidee zu gewinnen und dazu zu bewegen, die Zukunft mitzugestalten – dann entwickelt sich eine Eigendynamik, und der Erfolg stellt sich (fast) von selbst ein.«

»Lassen Sie uns in den Kalender gucken – wann können wir mit dem Pain-Point-Workshop für den gesamten Vorstand beginnen?«, war die spontane Reaktion des CEO. Die Reise konnte starten.

# Kapitel 17
# »Hör endlich zu!«

»Ich bin immer noch total erstaunt. Seitdem ich gelernt habe zuzuhören, lösen meine Mitarbeiter ihre Probleme weitaus eigenständiger! Außerdem fasziniert mich, dass ich jetzt viel besser zwischen den Zeilen lesen kann und Schwingungen erkenne, die mir früher komplett entgangen wären. Das ist extrem wertvoll für die Beziehungsebene, gerade jetzt in dieser virtuellen Zeit, und steigert dazu die Effektivität in der Zusammenarbeit.«

Das war das Feedback nach einem Intensivtag mit einem Vorstand aus der Automobilbranche. Am Anfang stand – im Sinne der emotionalen Intelligenz – die Selbstwahrnehmung der eigenen Zuhörgewohnheiten. Sein langjähriges Muster war schnell klar. In den ohnehin zeitlich kurz gefassten Terminen hatte jeder seiner Gesprächspartner eine klare Vorgabe: Das jeweilige Problem musste der Mitarbeiter in max. fünf Sätzen schildern, und dann präsentierte der Vorstand die Lösung. Zuhören – Fehlanzeige. Schnell zu denken, mache ihm Spaß, und außerdem, so sei er überzeugt, koste zuzuhören nur unnötig Zeit.

»Die Zeit habe ich gar nicht, Frau Segschneider. Draußen wartet ja schon wieder der nächste Gesprächspartner.«

Im Coaching analysierten wir sein Verhalten, entwickelten neue Perspektiven und vereinbarten am Ende des Tages, dass er sein »Hörmuster« für eine Woche in ein »Zuhörmuster« verwandelt. Eine Woche lang hörte er still zu, ließ den Mitarbeiter ausreden, fragte nach und umschrieb manchmal, was ihm gesagt wurde. Was ihn zunächst nachdenklich stimmte: Die Mitarbeiter begannen, im Gespräch mit ihm, selbst mögliche Lösungen zu entwickeln.

»Mir wurde klar, dass ich es gar nicht erst zugelassen habe, dass andere Vertrauen aufbauen, indem ich immer sofort meine Ratschläge gab. Ich bin wirklich überrascht, dass die meisten Mitarbeiter, wenn sie mit einem Problem zu mir kommen, erst mal nur möchten, dass ich ihnen zuhöre und dann vor allem eigene Lösungen präsentieren.«

## Zuhören als Erfolgsfaktor Führung

Gute Zuhörer führen Teams erfolgreicher. Das mag manch einen überraschen, denn die Vorstellung, dass Zuhören eine wichtige Managementfähigkeit ist, ist für viele noch immer ungewohnt. Kommunikation als Leadership-Fähigkeit ist dagegen ein Konzept, das jeder kennt. Doch von all der Zeit, die wir mit Kommunikation verbringen, verbringen wir die meiste Zeit mit Zuhören.

Wenn wir über Zuhören nachdenken, neigen wir zu der Annahme, dass es im Grunde dasselbe ist wie Hören. Das ist ein gefährliches Missverständnis, denn es lässt uns glauben, dass effektives Zuhören instinktiv ist. Infolgedessen geben wir uns wenig Mühe, Zuhörfähigkeiten zu erlernen oder zu entwickeln, und vernachlässigen so eine wichtige Kommunikationsfunktion. Zudem schaffen wir uns unnötige Probleme. Nicht zuzuhören führt häufig zu Missverständnissen, verletzten Gefühlen, falschen Anweisungen, dem Verlust wichtiger Informationen, Frustration u. v. m. Zuhören ist eben nicht instinktiv, sondern eine aktive Tätigkeit. Es ist ein weitaus anspruchsvollerer mentaler Prozess als Hören. Zuhören erfordert Energie und Disziplin. Die gute Nachricht: Zuhören kann jeder lernen. Der erste Schritt ist die Erkenntnis, dass effektives Zuhören ein aktiver und kein passiver Prozess ist. Ein geübter Zuhörer sitzt nicht einfach nur da und lässt das Zuhören geschehen.

Hier sind die fünf häufigsten Gründe, woran Sie erkennen, wie gut Sie als Zuhörer schon sind:

- **Verurteilung:** Schalten Sie in Gesprächen gerne ab und sind beschäftigt mit Ihren Gedanken/Bewertungen/Urteilen über die

Person, die gerade spricht bzw. mit Ihren eigenen Gedanken bzw. Gefühlen in Bezug auf das Thema?

- **Vorbereitung:** Denken Sie, während Ihr Gegenüber spricht, darüber nach, was Sie als Nächstes sagen möchten, welches Argument Sie bringen könnten? Zuhören ist mehr als nur darauf zu warten, dass Sie an der Reihe sind, um zu antworten. Viele Menschen sind abgelenkt, wenn sie planen, was sie als Nächstes sagen werden.
- **Ablenkung oder Tagträume:** Wird Ihre Aufmerksamkeit auf Leute gelenkt, die vorbeilaufen, oder denken Sie vielleicht darüber nach, welche Sitzung als Nächstes ansteht, oder werfen Sie kurz mal einen Blick auf E-Mail-Benachrichtigungen, die auf Ihrem Bildschirm erscheinen?
- **Spontane Verbindung:** Stellen Sie eine Verbindung zu dem her, was die andere Person sagt? Vielleicht hören Sie das Problem, über das die andere Person spricht, und es erinnert Sie so sehr an eine Situation, mit der Sie konfrontiert waren, dass Sie Ihre ganze Aufmerksamkeit darauf richten, wie Sie reagiert haben, um die Herausforderung zu lösen.
- **Filter:** Nehmen Sie die Inhalte nur durch Ihre »Linse« oder Ihren Filter (Einstellung, Überzeugung oder Erfahrung) wahr, und hören Sie nur das, was Sie hören wollen?

*Zuhören trainieren*

Zuhören kann jeder Mensch trainieren. Im Sparring oder Coaching analysiere ich mit meinen Klienten zunächst deren Zuhörmuster. Im nächsten Schritt entwickeln wir einen Action-Plan, wie sie Zuhören schrittweise in ihren Alltag integrieren. Eine Einstiegsübung lautet: Nehmen Sie sich ein paar Minuten Zeit, und überlegen Sie, wie Sie es schaffen können, den wichtigsten Grund, der Sie am guten Zuhören hindert, selbst zu überwinden. Wenn Sie z. B. abgelenkt werden, weil Sie sich auf Ihren nächsten Wortbeitrag vorbereiten, könnten Sie sich stattdessen darauf konzentrieren, der anderen Person zuzuhören und anschließend das, was Sie verstanden haben, zurückspiegeln. Und erst dann Ihrem Gegenüber signalisieren, wie Sie die Situation sehen.

Dass Zuhören ein Erfolgsfaktor ist, hat z. B. auch Harvard-Professor William Ury in seinen Untersuchungen aufgezeigt. Er fand heraus, dass Menschen, die ihrem Gegenüber aktiv zuhören, bessere Verhandlungsergebnisse erzielen als jene, die vor allem ihre eigenen Argumente und Ideen vorbringen.

Denken Sie an eine Person, die in Ihrer Wahrnehmung ein sehr guter Zuhörer ist. Wie fühlt es sich für Sie an, mit dieser Person zu sprechen? Sie werden feststellen, dass es ein großer Unterschied ist zu Menschen, die nicht zuhören können.

Zurück zu meinem Klienten: Das Experiment, seine Zuhörgewohnheiten für eine Woche zu verändern, war lediglich der Anstoß. Tatsächlich hat er es geschafft, die Veränderung in seinem Alltag nachhaltig zu integrieren, indem er kontinuierlich reflektiert und justiert. Die Zuhörpraxis ist jetzt ein fester Bestandteil seines Führungsstils, der ihm hilft, besser mit seinem Team zu interagieren und gemeinsame Lösungen zu erarbeiten.

Es zeigt einmal mehr, dass Veränderungen durch gezieltes Coaching und die Anwendung effektiver Tools wie dem LPP möglich sind. Mein Klient hat gelernt, dass gutes Zuhören nicht nur eine Frage der Zeit ist, sondern eine Frage der Priorität und Praxis. Und die Ergebnisse sprechen für sich.

# Kapitel 18
# Die Kaffeeküchen-Perspektive

Der Corona-Lockdown war gerade zwei Monate vorbei, da erhielt ich eine Sparring-Anfrage von einer CEO: »Ich habe nächste Woche ein Bewerbungsgespräch bei einem Start-up. Dafür brauche ich Ihre Unterstützung. Ich fange ja nicht von null an – aber mein letztes Bewerbungsgespräch ist lange her. Aktuell habe ich das Gefühl, dass mir etwas Handwerkliches noch fehlt – ich mache vieles aus dem Bauch heraus und hätte gerne einen professionelleren Background für ein online geführtes Bewerbungsgespräch für eine Vorstandsposition. In meinen Face-to-Face-Gesprächen früher hatte ich immer eine Response – zumindest gefühlt. Das Feedback fällt in Face-to-Face-Videocalls jetzt weg. In den Online-Meetings fehlt mir das. Jetzt sind es Gesprächspartner, die ich nicht unmittelbar sehe, rieche, höre … Diese Situation, aufgrund der aktuellen Entwicklung, ist für mich komplett neu. Früher fühlte ich, was das für Menschen sind, zu denen ich spreche – ich hatte einen direkten Bezug. Doch jetzt sind es nur kleine bunte Vierecke auf einem Bildschirm …«

Wir eröffnen ein Board auf der Coaching-Plattform, und ich notiere die erste Frage – ich nenne sie die Kaffeeküchen-Perspektive. Sie zielt auf die Inhalte ab, die die Gesprächspartner miteinander besprechen, wenn sie sich z. B. zu einem kurzen Austausch in eine Kaffeeküche zurückziehen würden. Was genau würden sie über die Bewerberin sagen?

Die Aufgabe für die Coachee lautet: »Was möchten Sie, dass die Gesprächspartner über Sie sagen, wenn Sie den Raum verlassen?«

## Wunschvorstellung als Coaching-Ziel

Nach einiger Überlegung schreibt die CEO ihre Antwort auf: »Klarheit über meine Stärken und Schwächen.«

Das allein ist ein Lehrbuchsatz, der noch mit Leben gefüllt werden muss: Über welche Stärken und Schwächen möchte sie, dass die Gesprächspartner sprechen. Es folgt eine Pause. Nachdenken.

Ihre Antwort: »Ich lege Wert auf vertrauensvolle Zusammenarbeit und transparente Kommunikation.«

Mit der nächsten Frage leite ich einen Perspektivenwechsel ein: »Sie haben selbst schon unzählige Bewerbungsgespräche als Einstellende geführt. Wann sind Sie begeistert von einem Mitarbeiter?«

Diese Frage löst etwas aus in ihr. Jetzt beschreibt die Coachee detailliert, wie eine Mitarbeiterin kommunizieren sollte, welche Führungsqualitäten sie haben sollte, wie sie mit Unvorhersehbarem umgehen sollte und welche innovativen Fähigkeiten sie erwarte. Die Fähigkeit, an Krisen zu wachsen, sei ihr wichtig, Resilienz also, und dass sie ein hohes Aktivitätsniveau erwarte und eigenständiges Handeln. Strukturiertes Vorgehen sei ihr ebenso wichtig wie fokussiertes Arbeiten. Pause.

Ich frage nach: »Was möchten Sie, dass die Gesprächspartner über Sie sagen, wenn Sie den Raum verlassen? Wovon sind Ihre Gesprächspartner begeistert nach einem Gespräch mit Ihnen? Was wünschen Sie sich?«

### *Wunschvorstellung neu gedacht*

In der zweiten Runde – nach dem Perspektivenwechsel – formuliert sie jetzt viel detaillierter, welche Fähigkeiten sie gerne transportieren möchte. Sie nennt inhaltliche Themen, aber auch die Fähigkeit, mit Shareholdern auf Augenhöhe zu kommunizieren, vertrauensvolle Beziehungen aufzubauen und zu pflegen, ihre Entscheidungsfreude – wo andere noch hadern, trifft sie Entscheidungen und führt diese auch ohne langes Zögern aus. Wichtig ist ihr auch ihre Innovationskompetenz. Sie habe deutlich mehr Ideen zur Lösung von Problemen als andere. Ihr Denken sei auf Fortschritt ausgerichtet – sie möge keinen Stillstand etc. Auf dem Board steht inzwischen ein klares Anforderungsprofil, das die CEO für sich entwickelt hat.

## Üben

»Jetzt machen wir ein Rollenspiel – ich bin Ihr Gesprächspartner, und Sie bleiben in Ihrer Rolle als Bewerberin. Die Aufgabe: Agieren Sie jetzt so, dass Ihre Gesprächspartner nachher in der Kaffeeküche genau diese Stärken hervorheben.«

Nach einem Drei-Minuten-Trainingsgespräch reflektiert meine Coachee: »Das war noch nicht so gut. Der Einstieg war holprig – es ist mir nicht gelungen, die Neugier meiner Gesprächspartner zu wecken. Ich glaube auch, dass meine Gestik und Mimik viel zu ernst waren und ich zu häufig um den heißen Brei rede.«

*Üben, üben*

Neben seinem sehr wertvollen Eigen-Feedback spiegele ich ihr, dass ihre vielen Nachdenkphasen unsicher wirken und ihr einen großen Teil ihrer inhaltlichen Souveränität wider streitig machen. Darüber hinaus sprechen wir ausführlich über die Wirkung von Gestik und Mimik und welche Optimierungsmöglichkeiten sie hat. Zu einem professionellen Bewerbungsauftritt gehört auch eine professionelle Optik – das Schummerlicht, in dem sie ihre Online-Calls bislang führt, ist ein klares No-Go. Es folgt Runde zwei im Rollenspiel.

Die Aufgabe, die ich ihr stelle, lautet erneut: »Agieren Sie jetzt so, dass Ihre Gesprächspartner nachher in der Kaffeeküche Ihre Stärken hervorheben.«

Das anschließende Feedback der Coachee: »Ich habe mich schon deutlich wohler gefühlt. Die Wiederholung hilft mir sehr. Ich komme besser in den Flow.«

Mein Feedback: Sowohl die Inhalte als auch Gestik und Mimik wirkten jetzt souveräner. Ein erster Schritt in die richtige Richtung.

*Üben, üben, üben*
Meine Frage: »Was wäre nun der erste wertvolle Schritt für Sie, damit Sie Ihr Ziel, ein gutes Kaffeeküchen-Feedback, erreichen?«

Antwort der Coachee: »Üben! Mir ist klar geworden, dass ich meine Performance trainieren muss, wie einen Golfschlag, und dass die Kaffeeküchen-Perspektive ein Gamechanger ist.«

Im Sparringsverlauf stelle ich der CEO weitere Tools vor, die sie bei einem professionellen Auftritt unterstützen und die sie mit Übung in ihren Auftritt Stück für Stück integrieren kann. Jedes dieser Tools entfaltet seine Wirksamkeit durch intensives Training. Hier eine Auswahl:

- **Mimik/Gestik/Blickkontakt**
- **Diktion** steuern/verlangsamen/schneller sprechen/lauter/leiser u. v. m.
- **Pausen machen** – als Machtinstrument, nicht als Unsicherheitszeichen!
- **Haltung:** aufrichten, positive, empathische Botschaft
- **Zuhören/Interesse**, z. B. durch Fragen zeigen/Neugier wecken
- **Kommunikation:** sogenannte Vorder- und Hinterbühne beachten

Was bedeutet das? Vor allem die Kommunikation als solche, das »Sprechen miteinander«, ist immer wieder Auslöser für Missverständnisse, falsch verstandene Vorwürfe und häufig völlig unbeabsichtigte Verletzungen.

Im Coaching vermittele ich daher das sogenannte **Vier-Quadranten-Modell** – fast schon ein Garant für konfliktfreie Kommunikation. Es ist eine Technik, die Dr. Erwin Huber entwickelt hat. Ich nutze sie regelmäßig, um Konflikte offen anzusprechen und in der Folge zu lösen. Die Technik ermöglicht vor allem in emotional aufgeladenen Situationen, die eigenen Gefühle und Bedürfnisse sowie Interessen klar zu kommunizieren. Gleichzeitig bietet sie dich Chance, die eigene Erwartungshaltung zu vermitteln, ohne dass der Gesprächspartner dies persönlich nehmen muss oder sich ignoriert fühlt.

Viele Konflikte entstehen, weil die Konfliktparteien lediglich ihre Vorderbühne miteinander teilen. Neben Mimik, Gestik und Stimme werden die Fakten aus jeweils subjektiver Sicht dem Gegenüber entgegengehalten und direkt im Anschluss die vermeintlich »einzige« Lösung präsentiert. So entsteht der berühmte Pingpong-Effekt. »Ich sehe das so und habe diese Lösung« versus »Ich sehe das anders und habe die andere Lösung«. Das Vier-Quadranten-Modell löst das Pingpong auf, indem es die Vorderbühne um unsere Hinterbühne, unsere Gefühle und Interessen bzw. Bedürfnisse ergänzt.

Die **vier Quadranten** der Kommunikation sind:

- **Erstens die Faktenlage:** »So sehe ich das/so stellt sich die Situation für mich dar.«
- **Im zweiten Quadranten die Gefühlslage:** Es kommen die Emotionen der Hinterbühne hinzu – »Das bringt mich auf die Palme« (niemals: »Du bringst mich auf die Palme«, immer die Ich-Botschaft nutzen).
- **Drittens die Interessenlage:** »Mir ist Klarheit wichtig, deshalb …« und
- **Schließlich die Lösung:** »... deshalb bitte/erwarte ich von dir ...«.

Wichtig ist, zu allen vier Aspekten **Ich-Botschaften** zu formulieren. Ein mega Transformationshack für Konfliktsituationen. Ohne Vorwurf, der die Gegenseite automatisch in die Defensive und damit zu umso energischeren »Gegenangriff« treibt. Vielmehr das klare Signal: »Ich sehe es jedenfalls so …«, bei dem unausgesprochen oder gerne auch konkret ausgesprochen die Diskussion öffnende Frage mitschwingt »… und du, wie siehst du es?«.

Wir verabreden uns zu weiteren Sparringssessions, um die einzelnen Tools auf seine Kompetenzen anzupassen und die individuellen Umsetzungsstrategien zu entwickeln.

Nach einer intensiven Sparringszeit und einer beachtlichen Lernkurve hat sich die Coachee nicht nur erfolgreich in der

Bewerbungssituation bewiesen und den begehrten Job bekommen, sondern auch eine wertvolle und transformative Reise durchlebt. Mit Dankbarkeit reflektiert sie die neu erlernten Kommunikationstools, die ihr geholfen haben, ihr natürliches Charisma und ihre Führungsqualitäten auch in der digitalen Welt sichtbar zu machen. Sie hat gelernt, diese Fähigkeiten nicht nur als Werkzeuge zu nutzen, sondern auch mit dem Verständnis über ihren eigenen Charakter und ihre Persönlichkeit zu verbinden, was ihr eine neue Ebene der Selbstbewusstheit und Selbstsicherheit verleiht.

# Kapitel 19
# **Wenn das Selbstvertrauen am Boden liegt**

Als Martin M. zu mir ins Transformationscoaching kam, war er bereits seit fünf Jahren im Unternehmen als Direktor tätig. Eine »gefühlte Ewigkeit« hatte er sich schon auf eine Vorstandsposition beworben. In jedem Feedbackgespräch hatte er seinen Wunsch klar formuliert – immer war er vertröstet worden mit dem Hinweis, er sei nicht durchsetzungsstark genug. In der Zwischenzeit hatte es drei Neubesetzungen im Vorstand gegeben – er wurde nie berücksichtigt. Das nagte zunehmend an seinem Selbstvertrauen. Dann »auf einmal« kam der Ruf in den Vorstand und überraschte ihn. Das Feedback, nicht durchsetzungsstark genug zu sein, saß tief. Sein Selbstvertrauen lag – anders als seine Außenwirkung es vermuten ließ – am Boden.

Die Aufgabenstellung für den Coaching-Prozess hieß: »Ich möchte meinen Job als Vorstand mit Selbstvertrauen starten.« Warum nur?

An den Start ging er mit einem Paket an Selbstzweifeln. Auf meine Frage zu Beginn des Coachings »Woran möchten Sie gerne als Erstes arbeiten?«, antwortete er spontan: »Ich möchte verstehen, warum sie mich jetzt in den Vorstand berufen haben. Dreimal war ich nicht gut genug – jetzt auf einmal? Ich habe mich gar nicht verändert. Das ist mir ein Rätsel.«

Ich frage nach: »Woran möchten Sie gerne arbeiten?«

Er denkt nach. »Na ja, wie ich herausfinde, dass mich bisher alle für ›unfähig‹ gehalten haben und mir auf einmal den Job zutrauen.«

Noch einmal hake ich nach – wieder mit einer anderen Betonung: »Woran möchten Sie gerne arbeiten?«

Seine spontane Antwort: »Ich möchte den Mut haben, das Thema anzusprechen.«

»Okay – damit starten wir. Was wäre ein erster hilfreicher Schritt?«

»Vielleicht, dass ich meinen Fokus erst mal auf die positive Seite lenke, also dass ich den Posten überhaupt bekommen habe?«

»Was noch – außer dem positiven Fokus?«

»Dass ich vielleicht nicht mehr drüber nachdenke?«

## Und wieder gilt: Klarheit schafft Klarheit

Eines der wertvollsten Coaching-Modelle ist gerade zu Beginn die Development-Pipeline. Zu Beginn geht es um: Insight – weiß der Klient genau, wo er sich weiterentwickeln will? Genau dieser Insight fehlte Martin M. Ihm war gar nicht klar, was genau er entwickeln muss, um aus der Falle seiner Selbstzweifel herauszukommen oder besser: Es war ihm nicht *bewusst*.

Denn die Lösung hatte er bereits angesprochen: »Ich möchte den Mut haben, das Thema anzusprechen.«

Es war spannend zu sehen, wie er über meine Fragen Schritt für Schritt seine eigene Idee ins Bewusstsein holte und mit einem Action-Plan verband.

Noch im Coaching fragte er beim CEO – seinem zukünftigen Board-Kollegen – einen Termin an. Wir bereiteten das Gespräch mit der Vier-Quadranten-Technik (siehe Kapitel 18) intensiv vor – verknüpft mit einem Trainingsplan. Ganz oben auf der Agenda stand: dreimal täglich die neue Gesprächsstrategie üben. So lange, bis die Inhalte in Fleisch und Blut übergegangen sind, sodass er mit Selbstvertrauen in das Gespräch geht.

Die Basis von Selbstvertrauen ist die Antwort auf die Frage: Kann ich mir selbst vertrauen? Die Antwort bzw. die Muster, die für die Antwort verantwortlich sind, sind i. d. R. im Alltagsleben verborgen. Z. B.: »Wie lange halte ich durch, wenn ich mir vornehme, regelmäßig zu joggen/abzunehmen/weniger Wein zu trinken/Handy am Abend auszulassen oder einen Trainingsplan für das CEO-Gespräch einzuhalten?« Wer solche Vorhaben langfristig durchhält, sendet das Signal an sein Gehirn: »Ich kann mir selbst vertrauen und halte mein

Vorhaben durch.« Wer dagegen gute Vorsätze immer wieder abbricht, signalisiert genau das Gegenteil.

## Auch Offenheit schafft Klarheit

Das Gesprächsergebnis mit dem CEO war in mehrfacher Hinsicht beeindruckend: Zum einen konnte Martin M. für sich zu 100 Prozent klären, warum der CEO ihn bisher übergangen hatte, und zum anderen war genau diese Begründung ein Booster für ihn: »Eine strategische Maßnahme aus der Corona-Krise ist, dass wir ab Juli verstärkt auf New Work setzen werden. Das heißt 50 Prozent Homeoffice sollen in Zukunft Standard bei uns sein. Die Mitarbeiter im Homeoffice mitzunehmen, braucht jetzt eine Führungskraft im Vorstand des Unternehmens mit hohem Einfühlungsvermögen und der intrinsischen Motivation, den Menschen im Mittelpunkt zu sehen – genau das bringen Sie mit«, so der CEO zu Martin M.

Der Vorstand machte deutlich, dass Führen auf Distanz empathische Leader wie Martin M. braucht. Zudem war Martin M. bekannt für seine geringe Reizbarkeit – auch das ein wichtiges Asset in diesen schwierigen Zeiten. Menschen, bei denen Reizbarkeit eher gering ausgeprägt ist, lassen sich schwer aus der Ruhe bringen und reagieren auf Provokationen gelassen, ohne aus der Fassung zu geraten. Genau das zeichnete Martin M. aus und hatte beim Vorstand zusätzlich zur Empathie auf das Vertrauenskonto eingezahlt.

Das Gespräch stärkte das Selbstvertrauen von Martin M. in doppelter Hinsicht: Zum einen war er stolz, dass er den Mut gehabt hatte, seine Zweifel anzusprechen, und zum anderen gab ihm die Bestärkung seiner empathischen Führungsqualitäten, die vorher oftmals vom Vorstand belächelt worden waren, zusätzliches Selbstvertrauen. Beide Charaktereigenschaften, die tief in ihm verwurzelt sind, hatte der LPP, den er zum Coaching-Start gemacht hatte, für ihn sichtbar gemacht.

»Dass ich meine Charaktereigenschaften noch mal schwarz auf weiß gelesen habe, war für mich ausgesprochen wichtig. Das eine ist, wenn man glaubt, dass man so tickt, dass andere ist, dass ich es dann als klares Analyse-Ergebnis gelesen habe! Eine tolle Erfahrung!«

# Kapitel 20
# »Ich wäre gerne anders, ich komme nur so selten dazu«

»Ich erinnere mich noch gut, als mir ein Kollege mal sagte: ›Bei dir glaubt man, ein Ticket für die erste Klasse gebucht zu haben und findet sich dann im Gepäckraum wieder.‹ Das hat zwei Gründe: Zum einen ist meine Überzeugungskraft tatsächlich berühmt-berüchtigt – zum anderen habe ich ein Talent, die schlechteste Situation als großartig zu verkaufen, und nutze das auch. Und hier ist mein Problem: Ich nutze das v. a. in Konfliktsituationen, wenn ich ausweichen will und dann lieber die Dinge schönrede, anstatt die Probleme anzusprechen. Das fühlt sich zunehmend schräg an für mich.«

## »Fünfe auch einmal gerade sein lassen« – alles hat seine Grenzen

Zu dieser Erkenntnis kam Michael B., Geschäftsführer eines mittelständischen Unternehmens, nachdem er den LPP bei mir gemacht hatte.

Ein Ergebnis mit hohem Erkenntnisgewinn war seine Kritikorientierung, die dort so beschrieben ist: »Sie haben kein Problem damit, den Status quo infrage zu stellen, und Sie tendieren stark dazu, bestehende Normen und Wertesysteme kritisch zu betrachten. Auch Hierarchien und Führungspersonen, ob beruflich oder politisch, sparen Sie bei Ihrer Kritik nicht aus. Wenn Ihnen eine Regel als nicht sinnvoll erscheint, kann es durchaus vorkommen, dass Sie diese bewusst missachten.«

Seine spontane Antwort lautete: »Ich fahre locker über eine rote Ampel, wenn ich die nicht als sinnvoll erachte – da habe ich mich auch schon mit einem Polizisten angelegt. Und ich kann den Gepäckraum als erste Klasse verkaufen. Auch wenn man das nicht ›tut‹. Wenn es mir sinnvoll erscheint, weil ich dadurch z. B. den Konflikt vermeide, mit den Leuten darüber diskutieren zu müssen, ob es dort angenehm ist oder nicht – dann tue ich das, um eben nicht diskutieren zu müssen.«

»Ist Ihnen bewusst, dass Sie so handeln? Denken Sie vorher darüber nach?«, frage ich nach.

»Früher wollte ich Probleme einfach nur lösen – hinterher war die Hälfte der Leute sauer. Inzwischen ist es so, dass ich das öfter mal vorher registriere. Nach wie vor lebe ich aber gerne meine Prinzipien und versuche Konflikten auszuweichen. Die sind mir unangenehm.«

»Erzählen Sie mehr darüber«, bitte ich Michael B.

»Ich bin im Grunde ein sehr harmoniebedürftiger und empathischer Mensch, das zeigt sich ja auch in meinen LPP-Ergebnissen. Seit mir immer bewusster geworden ist, dass ich mit solchen Aktionen Schaden anrichte, versuche ich mich vorher zu bremsen. Das gelingt aber nicht immer.«

»Was könnte der erste hilfreiche Schritt sein?«, starte ich, um ihn hin zu einer Lösung zu bringen.

»Ich könnte es mir regelmäßig bewusst machen.«

»Was noch?«, frage ich nach.

»Vielleicht meinen Geschäftsführungskollegen, mit dem ich gerade viele Projekte gemeinsam mache, um Feedback bitten?«

»Wie genau könnte das aussehen?«, möchte ich wissen, um eine konkrete Umsetzung für ihn zu entwickeln.

»Ihn bitten, mich zu challengen.«

»Beschreiben Sie eine solche Situation mal in der Realität – wie könnte dieses Challengen im alltäglichen Miteinander aussehen?«

»Ganz einfach – er ›darf‹ mich auf meine Begeisterungskunst ansprechen, wenn sie ihm auffällt und mich jederzeit challengen! Zum Beispiel mit einem Satz wie: ›Hab ich gerade wieder ein Ticket für den Gepäckraum gebucht? Kannst du mir sagen, warum?‹«

Als Grundsatzregel vereinbarte er mit seinem Feedback-Geber, dass er ihm dieses spezielle Feedback ausschließlich unter vier Augen gibt.

## Hilfe zur Selbsthilfe

Hilfreich war für Michael B. v. a. die Bestätigung und auch gleichzeitig Wiederentdeckung seiner Empathie. Über die vielen Jahre in der Geschäftsleitung hatte er zwar immer wieder bemerkt, dass er im Büro »anders, vor allem weniger empathisch wahrgenommen wird« als zu Hause oder auch im Freundeskreis. Er hatte es sich aber nie wirklich bewusst gemacht und schon gar nicht die Ursache erforscht. Es war schlussendlich aber dieses Gefühl der Inkongruenz, das ihn zu mir führte.

In seinen Profilergebnissen stand ganz klar: »Am Schicksal Ihrer Mitmenschen nehmen Sie großen Anteil. Sie empfinden die Gefühle und das Schicksal anderer Menschen selbst nach und lassen sich durch dieses Mitfühlen auch in Ihren Handlungen leiten. Sie tendieren klar dazu, menschliche Faktoren tendenziell eher höher zu bewerten als finanzielle oder sachliche Aspekte.«

Genau die Empathie war es, die er im Berufsleben fast gänzlich abgelegt hatte. Stattdessen hatte er sich einen Panzer aufgebaut. Ein neues Verhaltensmuster entwickelt. In der Psychologie nennt man das eine Persona aufbauen.

Als ihm darüber hinaus im Coaching bewusst wurde, wie sehr er mit seiner kreativ gelebten Kritikorientierung anderen auf die Füße tritt, überwog das schlechte Gefühl. Der Prozess der Bewusstmachung über den LPP war somit der Schlüssel zur Lösung! Wie in jedem meiner Transformationscoaching-Prozesse entwickelte Michael B. dann gemeinsam mit mir seinen Action-Plan, den er seitdem nachhaltig umsetzt.

# Kapitel 21
# »Mach was draus!«

*Commitment* – die wirklich passende deutsche Übersetzung suche ich bis heute. Ideen nehme ich gerne entgegen. »Die Zusage, etwas zu liefern« – die Definition gefällt mir schon ganz gut, denn es ist gleichzeitig auch genau das, was ich von meinen Klienten erwarte. Wenn im Coaching Ziele, Handlungsoptionen vereinbart werden, ist ein nachhaltiger Coaching-Erfolg nur möglich, wenn der Coachee sich committet, diese auch umzusetzen – wenn er die Zusage v. a. an sich selbst gibt, die im Coaching erarbeiteten Handlungsoptionen auch umzusetzen. Was aber, wenn der Coachee sich nach dem Coaching in seinem Alltag wiederfindet – zahlreiche Hürden, Hindernisse, Gewohnheiten, Muster und unvorhersehbare Ereignisse auf ihn einströmen, die den Erfolg des Coachings aufs Spiel setzen?

## Coaching als Lotse durch den Alltagsdschungel

Ohne Umsetzung und Dranbleiben gibt es keine Ergebnisse. Wie aber gelingt Dranbleiben? Wie gelingt es dem Coachee, den Fokus nachhaltig hochzuhalten und das Dranbleiben sicherzustellen? Wie schafft er es, seine Erfahrungen, Gedanken, Ideen, Fortschritte, Meilensteine und Ziele zu beobachten – Learnings transparent zu machen und neue Wege zu etablieren? Schließlich ist es der Alltag, in dem die Coaching-Ergebnisse umgesetzt und getestet werden müssen.

Meine Klienten begleite ich deshalb während der Zusammenarbeit sehr engmaschig. Das Gehirn lernt nicht allein durch Wiederholung, sondern v. a. durch Tun. Genau hier liegt das Geheimnis von Coaching: Es geht eben nicht ums Lernen und Wiederholen allein

– der Sinn des Coachings ist einerseits definitiv neues Wissen (z. B. über Leadership) zu erlangen, aber entscheidend ist, neue Fähigkeiten zu erwerben, um Probleme zu lösen und Ziele zu erreichen, die den Coachee weiterbringen. Gemäß dem Motto von Lee Iacocca: »Lern alles, was du willst, aber dann, um Himmels willen, steh nicht rum, sondern tu was mit dem Wissen. Wende es an, mach was draus!«

Denn darum geht es für den Coachee: ins Handeln kommen, täglich umsetzen – anwenden, spüren, ob die erarbeiteten Strategien im Alltag funktionieren –, immer! Nachhaltig. Die Frage, ob es gelingt, neue Fähigkeiten nachhaltig ins Leben zu integrieren, hängt vor allem davon ab, ob und wie regelmäßig man das Gelernte anwendet und mit welcher Intensität unser Gehirn die Veränderung abspeichert. Je intensiver – desto erfolgreicher.

So wie wir uns an die erste Autofahrt allein erinnern oder an den Tag, als »9/11 passierte« – so funktioniert unser Gehirn. Wenn eine neue Information beim Eintritt ins Gehirn eine hohe Intensität hat, dann wird sie sofort vernetzt und verankert und braucht überhaupt keine Wiederholung. Eine hohe Einstiegsintensität ist u. a. dann gegeben, wenn die »richtigen« Gefühle beteiligt sind, das Ganze Sinn macht und eine Erfahrung damit verbunden ist.

## Die Veränderung spüren

In der Praxis heißt das: Im optimalen Fall verbindet der Coachee mit einer Verhaltensänderung ein »richtiges« Gefühl – hält das Ganze für sinnvoll und verbindet damit eine (am besten gute) Erfahrung. In der Umsetzung sieht das z. B. so aus:

Nach einer Zusammenarbeit, die geprägt war von persönlichen Verletzungen, bat Herbert S. – Direktor eines mittelständischen IT-Unternehmens – seinen Geschäftsführer um einen Neustart. Das Ziel: eine Feedback-Kultur der Ansprechbarkeit. Im Fokus: die regelmäßige Ansprechbarkeit von Themen, die in den Jahren zuvor immer wieder zu Verletzungen auf beiden Seiten geführt hatten. Das Ergebnis: Um diese Regelmäßigkeit zu erreichen, bat Herbert S. – als Ergebnis seiner Transformationscoaching-Session – vor jedem Jour fixe (das alle zwei Wochen stattfindet) um eine Fünf-Minuten-Reflexion.

Herbert S. wurde vom CEO sehr geschätzt aufgrund seiner langjährigen Erfahrung, hohen Loyalität und seiner analytischen Fähigkeiten. Deshalb hatte der CEO ihm ein neues Projekt anvertraut – bei dem die beiden eng zusammenarbeiten mussten. Herbert S. fühlte sich einerseits geehrt – andererseits hatte er Angst vor der Zusammenarbeit. Der Führungsstil seines Chefs machte ihm zu schaffen. Immer wieder wurde er kritisiert – oft mit sehr verletzenden Worten.

*Wenn die lange Bank zu lang ist*

So kam er zu mir ins Coaching, und wir fanden schnell heraus, dass er grundsätzlich ein tiefenentspannter Mensch ist. Seine hohe *Entspanntheit* brachte seinen Chef immer wieder auf die Palme. Kein Wunder, wenn man die Wirkung von Entspanntheit kennt – wie sie im LPP treffend beschrieben wird: »Entspannte Menschen neigen dazu, lästige, unangenehme oder schwierige Tätigkeiten so lange aufzuschieben, wie dies eben möglich ist. Sie arbeiten häufig an mehreren Aufgaben gleichzeitig.« Genau hier fand Herbert S. sich wieder. Immerzu schob er Entscheidungen auf die lange Bank – oftmals zu lange – bis sie dann z. B. eine spürbar negative Auswirkung auf das operative Geschäft hatten. Das wurde ihm im Coaching-Prozess bewusst.

## Feedback – unbekanntes Abenteuer und wertvollstes Geschenk

Im regelmäßigen Check-in zum Thema »Ansprechbarkeit vor dem Jour fixe« nahmen beide sich ab sofort vor, Dinge, die im Hintergrund brodeln, direkt anzusprechen und ihre Hinterbühne dabei transparent zu machen. Herbert S. sah in dieser Vorgehensweise einen großen Sinn für sich. Zu lange schon litt er unter der schlechten Beziehung zu seinem Chef. Der wiederum ließ sich ein auf das »Abenteuer«, wie er es zunächst nannte. Mit einem »richtig guten« Gefühl ging Herbert

S. aus dem Coaching und freute sich auf die Erfahrung einer dann verbesserten Zusammenarbeit. Möglich war der daraus resultierende langfristige Coaching-Erfolg vor allem, weil Herbert S. sich committet hatte und die Handlungsoptionen, die wir im Coaching vereinbart hatten, regelmäßig umsetzte.

# Kapitel 22
# Die Macht von State-Control – jeder im Top-Management sollte es beherrschen

»Trotz Margendrucks auch in stressigen Situationen entspannt bleiben – in komplexen Arbeitsumfeldern, schwierigen Entscheidungssituationen oder Krisen funktionieren – das möchte ich können«, sagte Karin S., Sales-Vorstand eines mittelständischen Unternehmens.

Und sie war nicht die erste Top-Managerin, die mit diesem Wunsch zu mir kam. »Daran möchte ich ganz gezielt arbeiten!«, lautete ihr klarer Coaching-Auftrag.

Während der Intensiv-Coaching-Tage vermittele ich meinen Klienten zu vielen Themen auch den theoretischen Hintergrund. Viele meiner Klienten sind rational, lieben die Theorie und können sich über diesen Weg oft viel besser auf die konkrete Umsetzung einlassen.

Hier also die Theorie, die ich Karin S. mit auf den Weg gegeben habe. Ein Schlüssel zu ihrem Ziel, »trotz Margendrucks auch in stressigen Situationen entspannt zu bleiben«, liegt im persönlichen State-Control.

## Was ist State-Control?

Unter State versteht man die Summe aller neurologischen und emotionalen Prozesse, die zu irgendeiner Zeit in einem Menschen entstehen. State-Control ist die Fähigkeit unseres Gehirns, Emotionen im Alltag zu managen, und Teil jeder Entscheidung, die wir treffen. Bewusst oder unbewusst. Menschen, die über eine gute Fähigkeit verfügen, ihren State zu kontrollieren, reagieren in Krisensituationen entspannter und treffen bessere Entscheidungen. Ein emotionaler

State ist das Grundgefühl, das Sie in jedem einzelnen Moment haben. Also die Stimmung, die Sie als Mensch bewegt. An einem ganz normalen Tag erleben wir unzählige verschiedene Stimmungen. Manche erleben wir als positiv, andere als negativ.

Unsere innere Stimmung betrifft nicht nur unsere Gefühle, sie bestimmt ebenso unser Verhalten und unsere Fähigkeit zu handeln. Wer die Fähigkeit besitzt, das eigene Grundgefühl zu verändern, kann machtvoll und entspannt auch mit Stresssituationen umgehen.

Dabei gibt es **zwei Hauptkomponenten**, die das Grundgefühl ausmachen.

- **Die erste ist die sogenannte innere Repräsentation.** Sie umfasst, *was* (Inhalt) und *wie* (Form/Prozess) man sich etwas in seinem Leben bildlich und wörtlich vorstellt. Was der eigenen Erfahrung nach wichtig für einen ist, entscheidet sich letztendlich dadurch, wie man sich die jeweilige Situation vergegenwärtigt. Man kann sich Ereignisse so vorstellen, dass sie einen selbst in einen positiven Zustand versetzen, oder so, dass sie einem den ganzen Tag über als Ballast auf den Schultern liegen.
- **Die zweite Komponente bezieht sich auf die konkret vorhandenen physiologischen Voraussetzungen.** Dabei geht es um Körperhaltung, Atmung, Muskelspannung, Mimik und biochemische Prozesse, die ebenfalls aktiv beeinflusst werden können. Wer seine Atmung kontrollieren kann und durch gezieltes, regelmäßiges Training Entspannung in Stressmomenten bewusst einsetzt, minimiert die Stresssymptome wie mangelnde Konzentration, »Genervtsein« oder auch Herzrasen, Zittern oder Bauchschmerzen aktiv und nachhaltig.

## Wie funktioniert State-Control in der Praxis?

Im Coaching übertrug Karin S. dieses Wissen auf eine Situation in ihrem Business-Alltag: Sie stellte sich dazu eine konkrete Situation vor, in der sie – trotz Stress – in Zukunft entspannt reagieren will. Zunächst entwickelte sie dazu im Kopf ein klares Bild – »ich bin entspannt, gelassen, agiere souverän mit meinen Mitarbeitern und genieße die Anerkennung« – und stellte sich diese Situation groß, strahlend hell und ganz nah vor.

Im nächsten Schritt bat ich sie, dieses Bild zu verankern: »Beobachten Sie, was Sie fühlen, welche Emotionen die entspannte Vorstellung in Ihnen auslöst. Speichern Sie das Bild – zum Beispiel ein ruhiger See in der Sommersonne oder ein starker Berggipfel, der im Sonnenlicht liegt und dem Wind entspannt trotzt – ganz bewusst ab. Wenn Sie das nächste Mal einen entspannten State benötigen, holen Sie sich dieses Bild wieder hervor – groß, strahlend hell, nah.«

Körperhaltung und State sind eng miteinander verknüpft: Wer in depressiven oder schlecht gelaunten Phasen den Kopf hochhält und die Schultern zurücknimmt, anstatt sie mutlos hängen zu lassen, sendet positive Signale an die Psyche. Wer lächelt – sei es nur künstlich –, weckt Glücksgefühle, unabhängig davon, ob wir wirklich einen Grund zur Freude haben. Das fand unter anderem der französische Psychologe Robert Soussignan in einer Studie im Jahr 2002 heraus. Die eigene Haltung jederzeit zu beeinflussen, ist das Ziel von State-Control, einer Technik, die ich sehr erfolgreich in meinen Coachings anwende.

### *Wirkungskette – wie's funktioniert*

Dazu ist es wichtig, die Wirkungskette zu kennen, die einem State zugrunde liegt: Zunächst erzeugt ein bestimmtes Ereignis im Unterbewusstsein einen Gedanken. Danach gibt man diesem Gedanken eine Bedeutung. Daraus entwickelt sich eine Emotion, und die wiederum sorgt für ein bestimmtes Verhalten. Daraus resultiert der individuelle persönliche State. Der ist vor allem abhängig davon, welche Bedeutung man den Dingen etwa aufgrund von persönlichen Erfahrungen gibt und welche Emotionen damit verbunden sind.

Sie merken schon, es geht um eine aktive Handlung: Sie geben den Dingen ihre Bedeutung und beeinflussen damit die eigene innere Haltung durch Ihre Gedanken.

Es gilt, bewusst State-Control zu trainieren, sodass man es während des Telefonats oder Meetings jederzeit einsetzen kann bzw. je nach Anforderung abrufbar hat. So lernte Karin S., ihren Entspannungsstate zu aktivieren, der sie in die Lage versetzte, auch unter Druck souverän und gelassen zu kommunizieren.

Im Feedback dazu schrieb sie u. a.: »Ich muss zugegeben – State-Control wirkt, aber es braucht Übung! Das habe ich unterschätzt. Erst seitdem ich regelmäßig mein Grundgefühl trainiere, klappt es tatsächlich auch in schwierigen Situationen. Sehr hilfreich. Das Spannende ist, dass auch mein Gegenüber jetzt viel gelassener reagiert.«

# Kapitel 23
# Fünf goldene Regeln für transparente Kommunikation

Dass das Thema »Herrschaftswissen« längst in die Mottenkiste gehört, hat sich mittlerweile zwar herumgesprochen – in der Realität sieht es aber oft noch düster aus. So haben in einer Online-Studie der School for Communication and Management in Berlin rund 37 Prozent der Befragten angegeben, bei ihnen wirkten die Führungskräfte in erster Linie als Herrschaftswissen-Sammler bzw. taktische Gate-Keeper und Bremser. Angesichts der Wirkung, die Führungskräfte durch Kommunikation haben, ist dies ein nachdenklich stimmendes Ergebnis.

## Geteiltes Wissen ist doppeltes Wissen

Moderne Leadership-Methoden setzen auf offene Kommunikation und Weitergabe von Informationen und sind damit hocherfolgreich. Die so gelebte Transparenz schafft Vertrauen, was allein schon einen wesentlichen Wohlfühl- und Produktivitätsfaktor für Mitarbeiter darstellt. Es wird höchste Zeit, diese Art von Vertrauenswürdigkeit als wesentlichen Teil des Unternehmenskapitals anzusehen. Informationsvertrauen schafft Stabilität – ein weiterer wichtiger Erfolgsfaktor im Unternehmen. Meines Erachtens ist Vertrauen die Basis für emotionale Nachhaltigkeit und langfristigen wirtschaftlichen Erfolg.

Wissen weiterzugeben bzw. zu teilen ist ein Erfolgsrezept, das Führungskräfte endlich für sich entdecken sollten. Denn die Weitergabe von Herrschaftswissen erhöht die Chance auf nachhaltig gute Entscheidungen.

Der folgende Versuch sollte nicht nur Ärzte nachdenklich stimmen:

- **Die Aufgabenstellung:** Mehrere Ärzte wurden in drei Gruppen aufgeteilt. Jede der Gruppen sollte mithilfe zweier Videos einen hypothetischen medizinischen Fall klären, der in den beiden Videos vorgeführt und beschrieben wurde. Das erste Video war für alle drei Gruppen identisch. Das zweite Video gab es in drei unterschiedlichen Ausführungen, sodass jede der Gruppen ein anderes zweites Video anschaute. Im Anschluss sollten sie eine Diagnose erstellen. Was die Ärzte nicht wussten: Die wesentlichen Informationen für eine korrekte Diagnose waren auf die individuellen zweiten Videos verteilt. Eine richtige Diagnose war also nur möglich, wenn die Ärzte die Informationen untereinander austauschten.
- **Das Ergebnis:** Die Teilnehmer sprachen nahezu ausschließlich über den Film, der allen drei Gruppen zur Verfügung stand. Die individuellen Informationen aus dem zweiten Video, also das Herrschaftswissen, behielt jeder für sich.
- **Die Folge:** Die gestellten Diagnosen aller drei Gruppen hatte Defizite.

Die Studie um James R. Larson von der University of Illinois at Chicago zeigt wie viele andere psychologische Studien: Teamarbeit ist immer dann uneffektiv, wenn die Teilnehmer in erster Linie bereits bekanntes Wissen rekapitulieren, anstatt neue relevante Informationen zu teilen. Ganz unabhängig vom Thema, das die Gruppe lösen soll: Sei es eine Arztdiagnose (s. o.), eine Projektentscheidung oder eine Personalfrage – egal, ob Führungskraft oder »normaler« Mitarbeiter, die meisten Menschen pflegen ihr Herrschaftswissen.

## Wissen teilen – der Kommunikationskodex

Wie kann man das Teilen von Herrschaftswissen fördern und damit »Kopfmonopole« vermeiden? Entwickeln Sie einen Kommunikationskodex für Ihr Team – im Vorfeld!

- **Gemeinsames Ziel formulieren:** Die Teammitglieder sollten ein gemeinsames Ziel formulieren und verfolgen, so eröffnet sich die Chance, dass persönliche Anliegen hintangestellt werden. Denn der unbedingte Wille zur Zielerreichung ist die höchste Motivation, um Herrschaftswissen preiszugeben.
- **Vertrauen:** Die Teammitglieder sollten untereinander eine hohe Vertrauenskultur entwickeln. Menschen, denen das Vertrauen fehlt und die stattdessen Angst haben, dass ihre persönliche Meinung kritisiert wird, schweigen lieber und behalten so die für eine gute Entscheidung wichtigen Informationen für sich.
- **Streitkultur zulassen:** »Wenn zwei Menschen immer die gleiche Meinung haben, ist einer von ihnen überflüssig«, sagte schon der britische Premierminister Winston Churchill. Genau das ist das Problem: je harmonischer das Team, desto weniger Kontroversen. Kreativitätsforscher wissen: Harmonie führt zu Langeweile und mittelmäßigen Ergebnissen. Eine respektvolle Streitkultur lässt dagegen unterschiedliche Standpunkte und Meinungen bewusst zu und erhöht somit die Vielfalt und Kreativität der Diskussion.
- **Konkurrenz belebt das Geschäft:** Teams sollten unterschiedliche Positionen als Bereicherung empfinden und nicht als Streitfaktor. Ein Perspektivenwechsel ist immer aufschlussreich, erweitert den Horizont und erhöht damit die Chance auf ein sehr gutes Ergebnis.
- **Gelassenheit als Teamvorgabe:** Teams, die auf Gelassenheit setzen anstatt auf Druck, geben den einzelnen Mitgliedern das Gefühl, dass sie ihre Positionen angstfrei formulieren können – »frei von der Leber weg«. Hier ist die Führungskraft gefragt, die Teilnehmer auch zu ungewöhnlichen Aussagen zu ermuntern.

Die Spielregeln sind simpel – die Umsetzung in deutschen Unternehmen dagegen noch viel zu selten.

Der von mir sehr geschätzte Dr. Gerhard Niesslein, heute »happily retired« und damals CEO der IVG und Vordenker in der Wirtschaft, brachte es schon vor über zehn Jahren in seinem Weihnachtsbrief an seine Geschäftsfreunde auf den Punkt: »Aufbau, Pflege und Controlling von Vertrauenskapital – darin dürfte der Schlüssel für Stabilität in der Wirtschaft liegen, so wie gegenseitiges Vertrauen seit jeher die Basis für tiefere menschliche und gesellschaftliche Stabilität schafft.« Dem ist nichts hinzuzufügen.

# Kapitel 24
# Souveräner Auftritt in vier Schritten

»Was genau möchten Sie verbessern? Woran möchten Sie arbeiten?«, frage ich meinen Coachee – einen angehenden COO aus der Telekommunikationsbranche.

»Ich möchte mich verändern und habe dazu in den nächsten Wochen mehrere Jobinterviews anstehen, auf die ich mich vorbereiten möchte. Wie kann ich schnell herausfinden, was meinem Gegenüber wichtig ist? Dabei geht es mir weniger um die stereotypischen Themen – also die ›typischen‹ äußeren Merkmale, aus denen man auf persönliche Verhaltensweisen und Kompetenzen schließt. Also wer ordentlich aussieht, dem wird ordentliches Arbeiten unterstellt. Wer schlampig aussieht, der arbeitet auch schlampig. Da fühle ich mich fit. Mir geht es vielmehr um zwischenmenschliche Themen. Wissen Sie, ich bin der Typ für den zweiten Blick – in fünf oder sieben von zehn Fällen kommt es zu dem zweiten Blick gar nicht mehr –, wie bekomme ich das kommuniziert?«

## Sich das Vorstellungsgespräch vorstellen

»Wenn Sie an die ersten fünf Minuten eines Vorstellungsgesprächs denken. Wo hakt es aus Ihrer Sicht? Was fällt Ihnen am schwersten? Was können Sie tun, um die ersten fünf Minuten optimal zu gestalten?«

»Da ist diese Ambivalenz – gehe ich da mit ›Hurra‹ in das Gespräch, ›ich komme jetzt, ich habe die Fahne in der Hand‹ und laufe vorbei und versuche das Gespräch an mich zu reißen oder gehe ich softer, sachter rein und versuche mich erst einmal auf mein Gegenüber einzustellen?«

»Welche Möglichkeit haben Sie noch?«

Der Coachee schaut mich ratlos an. Stille. Nach zwei Minuten und weiteren Nachfragen meinerseits bittet er mich, einen Vorschlag zu machen:

»Was halten Sie von Souveränität als Lösung?«

Die Idee, souverän aufzutreten, gefällt ihm.

»Sie haben das Wort ›Souveränität‹ angesprochen – nur, wie wirke ich souverän?«

Wir arbeiten das zweite Mal zusammen innerhalb des von ihm gebuchten Jahres-Coachings – das gibt mir die Chance, auf bereits besprochene Techniken zurückzugreifen.

Deshalb frage ich: »Welche Techniken, die auf Ihre Souveränität einzahlen, haben Sie bereits ausprobiert?«

»In dem Gesprächsumfeld helfen mir die Ich-Botschaften. Früher hätte ich z. B. gesagt: ›Man sollte einen Plan machen …‹ Heute sage ich: ›Das ist mein Plan, so mache ich das …‹ Das fühlt sich auf jeden Fall souveräner an. Außerdem versuche ich den Raum zwischen Reiz und Reaktion zu erkennen. D. h., ich frage mich, was will mein Gesprächspartner hören – ich versuche aktives Zuhören und dann eine klare Entscheidung zu treffen und bewusst zu antworten. Das versuche ich immer öfter, ich erwische mich zunehmend, dass ich das aktiv mache, dass ich mir das auch vornehme.«

Aktives Zuhören spiegelt dem Gesprächspartner die sachliche und die emotionale Ebene. Nicht nur bei schwierigen und emotionalen Themen baut diese Form der Gesprächsführung gegenseitiges Vertrauen auf und verbessert so die Kommunikation. Gerade in Bewerbungsgesprächen punktet der aktive Zuhörer mit Souveränität, weil er seinem Gegenüber Achtung und Respekt entgegenbringt und gleichzeitig Vertrauen aufbaut. Aktives Zuhören zwingt uns zudem ,im Gespräch wach zu bleiben. Hellwach. Während der Konversation ist man auf Empfangsmodus – 100 Prozent. Das spürt auch das

Gegenüber. Gesprächsergebnisse werden nachhaltiger, da eine höhere Verbindlichkeit entsteht.

Während des Coachings erarbeitet der Coachee einen Drei-Schritte-Plan:

*1. Körper und Geist eins – aktiv zuhören*

Beim aktiven Zuhören eine offene Körperhaltung einnehmen (z. B. keine verschränkten Arme) und über einen bewussten Blickkontakt dem Gesprächspartner intensiv zuhören. Dabei natürlich bleiben. Anders als beim passiven Zuhören empfehle ich ihm, durch aktives Zuhören dem Gesprächspartner verbale und nonverbale Signale zu senden – sodass das jeweilige Gegenüber seine Ausführungen gut nachvollziehen kann (Kopfnicken, kurze bestätigende Kommentare). Konzentration auf das Gegenüber während des Gesprächs, nicht abschweifen gedanklich, statt sich z. B. in Gedanken schon auf die nächste Antwort vorzubereiten, dem Gegenüber zuhören. In Gedanken folgende Fragen stellen:

- **Was empfindet mein Gesprächspartner?**
- **Welches Interesse verfolgt er?**
- **Was ist ihm wichtig an dem, was er gerade sagt?**

Die drei Fragen auf ein Post-it schreiben und an den Computer heften. So sind die Fragen während des Bewerbungsgesprächs jederzeit im Blickfeld. Oder – wenn das Gespräch in Präsenz stattfindet – die Fragen so lange verinnerlichen, bis sie ein selbstverständliches Denkritual sind.

*2. Dem Gegenüber spiegeln: Ich habe verstanden und fühle mich gut*

Mit dem Gesprächspartner nicht nur die Inhalte, sondern auch die Gefühle und Bedürfnisse teilen (z. B. über das von Dr. Erwin Huber entwickelte Vier-Quadranten-Modell, siehe Kapitel 18).

*3. »Gut geplant ist halb gewonnen«*

»Was wäre eine weitere Sache, die Sie besser machen könnten?«

»Na ja, bisher ist das eher ein Zufallsvorgehen. Ich könnte die Gespräche besser planen.«

»Wie genau könnten Sie sich vorbereiten? Wie könnte die Planung aussehen?«

Wieder Stille. Ein wertvoller Raum im Coaching-Prozess.

»Was wäre ein erster Schritt?«

Stille.

»Kommunikation – auch aktives Zuhören – findet verbal und nonverbal statt«, fahre ich fort.

»Ach so, Sie meinen meine Körperhaltung?«

»Was noch?«

»Mimik und Gestik.«

»Wie kommen Sie dahin?«

»… üben?«

»Sehr gut. Lassen Sie uns das Gespräch einmal durchspielen.« Wir verteilen die Rollen – ich bin der CEO, mit dem er das Gespräch führen wird: »Herr Müller, was brauchen Sie von uns, um den notwendigen Differenzierungsfaktor, den wir von Ihnen erwarten, auch zu bringen?«

Noch bevor mein Coachee den ersten Satz sagt, unterbreche ich ihn. Seine Mimik war angestrengt-negativ, dazu hat er mit einem tiefen Seufzer gestartet und somit gleich in der ersten Sekunde mehrere nonverbale negative Signale ausgesendet. Im Verlauf des Coachings entwickele ich mit ihm ein Minitraining, das ihn dabei unterstützt, mit einer entspannten Mimik und Gestik zu starten, die souverän wirkt.

## Keine Weichspüler

»Was ist noch wichtig für einen souveränen Auftritt?«, frage ich anschließend weiter.

Wieder Stille.

Der Coachee beginnt: »Ich könnte versuchen …!«

»Stopp!« – sage ich. »Genau jetzt verlieren Sie an Souveränität, wenn Sie sogenannte Weichmacher nutzen. Das sind Füllwörter wie: könnte, hätte, sollte, würde, wäre, eigentlich, versuchen, aber etc. Diese Wörter schwächen Ihre Aussagen und wirken unsicher. Ein souveräner Satz beinhaltet keine ›Weichmacher‹. Beobachten Sie ab sofort Ihre Sprache. Nehmen Sie wahr, wann und wie oft Sie ›Weichmacher‹ nutzen. Beginnen Sie im nächsten Schritt, die ›Weichmacher‹ bewusst wegzulassen. Üben Sie die ›neue Sprache‹ täglich. Sodass Sie im Bewerbungsgespräch ganz selbstverständlich ›Weichmacher‹ frei formulieren.«

Am Ende des Tages hat der angehende COO vier Themenfelder identifiziert, an denen er ab sofort konkret arbeiten kann und die auf seine Souveränität einzahlen.

Seine Kernerkenntnis? »Vorbereitung – Vorbereitung – Vorbereitung!«

# Kapitel 25
# **Authentisches Präsentieren – Herz über Kopf**

»Ich fühle mich positiv angespannt, aber auch etwas unsicher. In einigen Wochen steht unsere jährliche Sales-Konferenz an, und ich möchte als Inhaber einen bleibenden positiven Eindruck hinterlassen. Aber wie kann ich das erreichen?«

Dies ist die Frage, die mein Klient, Eigentümer einer mittelständischen Firma, mir stellt. Eine Frage, die vielen Menschen nur allzu bekannt ist. Es ist immer wieder eine Herausforderung, einen Vortrag zu halten, der sowohl inspirierend als auch authentisch ist. Das weiß auch mein Klient. Er hat großen Respekt vor der Aufgabe, auf der internationalen Verkaufskonferenz seines Unternehmens zu sprechen – »große Bühne, großes Kino«. Die Herausforderung: die Balance zwischen Authentizität und der Präsentation wichtiger Botschaften zu finden.

Besonders inspiriert haben ihn diesmal seine Erfahrungen auf einem großen Festival, bei dem die Speaker authentisch und überzeugend auftraten, berichtet er mir. »Sie hatten die perfekte Mischung aus Glaubwürdigkeit und Informationsvermittlung. Genauso authentisch und begeisternd möchte ich wirken. Ich lerne entweder zu viel auswendig und bringe alle Infos rüber oder umgekehrt. Ich bin eben nicht die geborene Rampensau. Wie gelingt es mir, die richtige Balance zu finden?«, war sein Auftrag an unser Coaching.

## Großes Kino durch Authentizität

»Die Antwort auf diese Frage ist im Grunde ganz einfach: Authentizität und Begeisterung sind die Schlüssel. Wenn Sie authentisch sind und wirklich das verinnerlicht haben, was Sie sagen, dann wird Ihr Publikum das merken und sich mit Ihnen und Ihrem Anliegen identifizieren können«, antworte ich.

Doch die Frage ist: Wie erreicht man diese Authentizität?

Der erste Schritt besteht darin, sich von den herkömmlichen Vorbereitungsansätzen zu entfernen. Es geht nicht darum, Daten und Fakten auf PowerPoint-Folien zu platzieren oder ein Skript auswendig zu lernen, das vor klinischer Professionalität nur so strotzt. Nein, es geht darum, eine Geschichte zu erzählen – seine Geschichte.

Wir starten daher mit einer spontanen, lockeren Aufnahme seiner Rede auf seinem Handy.

»Einfach das Smartphone einschalten, konzentrieren, auf ›Record‹ klicken und den Inhalt, den Sie rüberbringen wollen, erzählen bzw. aufnehmen.«

Eine unzensierte Gedankenströmung, frei von jeglichem Druck oder der Befürchtung eines Publikums.

Hier stelle ich ihm die Frage: »Wie würden Sie präsentieren, wenn Ihnen niemand zuhört – wenn Sie sich vor niemandem beweisen müssen?«

In dieser Übung geht es nicht darum, perfekt zu sein. Es geht vielmehr darum, die Inhalte zu identifizieren, die intuitiv aus dem Inneren kommen, die wirklich von Herzen kommen. Diese Inhalte dienen dann als Grundlage für die Entwicklung des endgültigen Präsentationstextes. Dieser Ansatz ermöglicht es, eine tiefe und persönliche Verbindung zur eigenen Botschaft herzustellen.

»Sie fragen sich vielleicht: Warum ist diese Übung so wichtig?«, bemerke ich bei meinem Klienten durch einen etwas skeptischen Blick. »Sie hilft Ihnen dabei, ohne Druck Ihre echte, authentische Stimme zu finden. Denn – wie Sie richtig sagen – gerade in einer Präsentationssituation ist es enorm wichtig, sich selbst treu zu bleiben und authentisch zu sein. Authentizität zieht Menschen an – es ermöglicht eine echte Verbindung, fördert Vertrauen und Glaubwürdigkeit.«

Insbesondere für diesen Klienten ist es wichtig, dass er kein »Zwangskorsett« in Form einer Präsentation vorliegen hat. Bei jedem Coaching – insbesondere wenn das Ziel Authentizität ist – ist es wichtig, das Coaching exakt auf die Persönlichkeit auszurichten. Aus seinem LPP wissen wir, dass Spontanität, Handlungsinnovation und Impulsivität sehr stark ausgeprägte Charaktereigenschaften sind. Für meinen Klienten heißt das: so wenig Manuskript wie möglich – so viel Freiheit (Freiraum für Spontanität und »Ausprobieren«, Möglichkeit, sein Temperament auszuleben) wie möglich.

Die Handyaufnahme dient für ihn als Basis, auf der wir aufbauen können. Gemeinsam hören wir sie uns an, diskutieren, schneiden und formen sie, bis sie zu der Botschaft wird, die er mit Begeisterung und Überzeugung vermitteln kann. Der Kern seiner Rede wird somit durch seine eigenen spontanen, authentischen Gedanken und Gefühle entwickelt, was ihm hilft, sich sicher zu fühlen und authentisch sowie überzeugend zu präsentieren.

Nach dieser ersten Übung geht es nun darum, die Rede zu verfeinern und die Präsentation zu üben. Doch das ist eine Geschichte für einen anderen Tag. Denn eines ist sicher: Authentizität und Begeisterung sind der Schlüssel zu einer erfolgreichen Präsentation – und sie sind in jedem von uns vorhanden. Wir müssen sie nur entdecken und zulassen.

# Kapitel 26
# Ein CEO packt aus: Was hat er aus einem Intensiv-Coaching-Tag mitgenommen

Ein klares Ziel – konkret formuliert oder besser noch nach SMART-Kriterien definiert, hatte der CEO (noch) nicht, als er sich zu einem »Klarheitstag« bei mir anmeldete.

Auf mein Nachfragen in der Pre-Coaching-Phase schrieb er: »Es geht wirklich darum, meine Prioritäten zu sortieren, das Wichtige vom Unwichtigeren zu unterscheiden und mich dazu zu bringen, Dinge auch loszulassen. Zudem merke ich, dass ich wirklich den Mut aufbringen sollte, die neue Aufgabe und die damit verbundenen Herausforderungen als großes Ganzes von mir aus zu denken. Wie will ich für mich den Posten als CEO gestalten? Wie kann ich ihn leben? Was ist für mich essenziell?«

Gebucht hatte der CEO einen Intensivtag inkl. Vor- und Nachbereitungsphase. Auf Basis der Ergebnisse der Persönlichkeitsdiagnostik arbeitete er an Methoden zu mehr Klarheit und konkreten Antworten, die er im Business-Alltag direkt und nachhaltig umsetzen kann. Vor allem die Reflexionsfragen im Rahmen der Nachbereitungsphase zeigen auf beeindruckende Weise, wie effektiv ein Coaching-Prozess ist und wie praxisnah und konkret die darin erarbeiteten Schritte.

## Die Schlüsselpunkte und wichtigsten Erkenntnisse vom Intensivtag:

»Ich bin bestärkt darin, dass wirklich das Personalthema das primäre und wirklich einzig drängende Problem darstellt. Ich möchte:

- mich in diesem Bereich nochmals fokussieren,
- die bisherige Strategie evaluieren und neu ausrichten; dabei gilt es vor allem, die bisherige »Umsetzungsschwäche« zu überwinden. An den Hinweisen aus dem Coaching bin ich bereits intensiv dran,
- klären, was ich bei der Personalauswahl und konkret in der Besetzung der HR-Abteilung leisten kann, wo ich mich selbst noch mehr verbessern und ggf. delegieren und andere klar und gezielt um Hilfe bitten kann (Bücher sind besorgt!),
- den ›Elefanten im Raum‹ (siehe Kapitel 49) klar thematisieren und angehen.

Ich möchte zu Beginn meiner CEO-Zeit hier einen klaren Erfolgskurs aufweisen können.

Ich werde das Neinsagen ab sofort besser institutionalisieren und dabei das glühende Ja berücksichtigen:

- Durchsicht des eigenen Termin- und Aufgabenkalenders, erste Absagen etc. sind erfolgt:
- erste Mitarbeitergespräche, wo die Überlastung am stärksten ist, sind geführt und erste Gegenmaßnahmen eingeleitet,
- Thematisierung in der nächsten Mitarbeiterrunde,
- die Kultur des Loslassens als wesentlichen Punkt meiner CEO-Zeit umsetzen.

Ich strukturiere meine eigene Arbeit und die der Firma besser. Dazu sollen gehören:

- Terminplanung strukturieren etc. (ab sofort),
- die nächsten sechs Wochen für Strukturierungen einzelner Arbeitsbereiche etc., anschließend transparente Kommunikation der Neuausrichtung (fünf Bereiche sind bereits identifiziert und festgehalten),

- in drei Tagen mit Frau M. und Herrn S. in die Personal- und Budgetplanungen einsteigen und dabei verbindliche und klar kommunizierte Prioritäten festlegen,
- noch klarer delegieren in meiner täglichen Arbeit. Ich richte mich auf meine Aufgabe als CEO aus und weiß, dass ich delegieren kann.

Ich werde meinen Start als CEO und die damit verbundene Neuausrichtung systematisch nutzen, um auch das Unternehmen selbst weiter nach vorne zu bringen. So plane ich,

- eine Town-Hall-Speech zu halten und die neue Kultur zum Leben zu erwecken,
- meinen persönlichen Realismus zu definieren und klar auszusprechen, um allen Orientierung zu bieten,
- eine Kultur der Anerkennung und der klaren Kommunikation mit Umsetzungsstrategien zu initialisieren und sie selbst als Vorbild täglich sowie nachhaltig zu leben.

Mir haben die Reflexionen anhand des LPP sehr geholfen, mich auf die konkrete Umsetzung zu konzentrieren.«

*Was setzen Sie direkt in die Tat um und wie genau?*

- »Ich nehme mir geplant und fokussiert Zeiträume fürs strategische Arbeiten und merke, wo hier meine Stärken liegen und wie gut es mir tut (erste Erfolge: Reservierungen im Terminkalender, vergangene Woche dreimal zwei Stunden)
- Ich habe intensive Gespräche zum Personalthema geführt, um einen exzellenten Partner für Personalentwicklung und Talent-Management an meine Seite zu bekommen; zudem habe ich in dem Bereich viel gelesen und verstanden, was es heißt, direkt zu kommunizieren, um was es gehen soll, und dabei vom Mitarbeiter her zu denken.

- Ich habe einen Stakeholder-Plan erstellt, um klar mit anderen besprechen zu können, um was es gerade wie und warum geht. Die Visualisierungen scheinen gut zu helfen – gerade auch anderen.
- Ich habe einige zentrale Gespräche mit Mitarbeitern geführt, um klar zu kommunizieren und anzuleiten, wie Überlastungssituationen auch durch eine gezielte Reduktion der Tätigkeiten und Prioritätensetzungen vermieden werden können.
- Bei einem größeren Konfliktherd in der Firma bin ich nicht direkt eingesprungen, sondern habe meine Zeit darauf verwendet, den zuständigen Direktor zur Lösung zu befähigen.
- Ich habe endlich die strategischen Gespräche auf Ebene der Geschäftsführung begonnen.
- Ich habe den Mut gehabt, einige wichtige Termine einfach abzusagen, um persönliche Freiräume zum Krafttanken und für meine Familie zu schaffen.
- An der Town-Hall-Speech bin ich dran. Meilenstein davor ist meine Präsentation dessen, was ich als CEO kann und will, anlässlich des Starts als CEO im nächsten Monat.
- Ich habe mit meinem liebsten und wichtigsten Mitarbeiter mir mehrere Stunden Zeit genommen, ein wichtiges neues Projekt zu strukturieren und ihn gezielt und aktiv um Hilfe gebeten. Ein toller Gestaltungsraum!«

*Welche möglichen Hürden sehen Sie bei der Umsetzung auf sich zukommen?*

- »Es ist nach wie vor einfach eine zu große Fülle an Aufgaben. Strukturelle Entlastungen herbeizuführen, braucht zunächst zusätzliche Zeit.
- Der Erfolgsdruck gerade beim Personalthema ist immer noch extrem hoch; es kostet Kraft und Zeit, die Gestaltungsräume zu bewahren und aufzubauen.

- Ich möchte meinen Start als CEO strategisch als neuen Anfang nutzen, aber die Zeit dahin ist extrem knapp. Wie setze ich die richtigen Prioritäten?«

*Welche positiven Gefühle begleiten Sie nach dem Intensivtag?*

- Ich nehme mich viel mehr als Gestalter wahr und habe Freude daran.
- Ich habe meine eigenen Stärken und Schwächen viel mehr im Blick und bin vielmehr bereit, ein Umfeld zu schaffen, in dem ich mit den Beteiligten herausragend wirken kann. Toll ist, dass ich dabei gerade viel Humor und irgendwie eine spielerische Art habe. So kann ich mich mit guten Kollegen über meine geringe ›Normorientierung‹ halb schieflachen und dabei zugleich klarmachen, dass es unmöglich ist, damit mit Leuten wie den bisherigen CFOs auf Leitungsebene zusammenzuarbeiten, die diametral entgegengesetzt strukturiert sind.
- Ich merke, wie ich eine neue Erfolgsstufe zünden kann und zünden werde.

*Welche Verbesserungsvorschläge haben Sie für das nächste Coaching?*

»Es war einfach perfekt. Kurz nach dem Gespräch und als ich gesehen hatte, was Sie, liebe Frau Segschneider, alles systematisch vorbereitet hatten, dachte ich, Sie hätten mehr Mut haben sollen, all Ihr Wissen und Ihre Systematik einzubringen, weil ich davon sehr viel wissensmäßig hätte lernen können. Dann aber habe ich gemerkt, dass das Coaching auf einer ganz anderen, tieferen Ebene gewirkt hat. Jetzt weiß ich zwar immer noch nicht, was Sie alles wissen, aber ich bin jenseits dieser Wissensebene klarer, ruhiger, hoffnungsfreudiger und zielorientierter geworden. Das ist ein riesiges Geschenk, und ich habe tiefen Respekt, wie Sie das möglich machen können!«

# Kapitel 27
# Mehr Souveränität in Meetings

Carola M. hat auf dem Weg zu ihrer aktuellen Position als Direktorin in einem mittelständischen Unternehmen schon viele Herausforderungen überwunden. Ihre jüngste, zu der sie schon häufig Feedback von Kollegen erhalten hat, betrifft ihre unsichere Art, wie sie in Meetings auftritt – vor allem in Meetings mit ranghöheren Kollegen. Da rauscht ihr Selbstbewusstsein in den Keller, innerlich zittert sie wie Espenlaub, oft versagt ihr die Stimme – Botschaften transportiert sie nur zaghaft, und sie ist meilenweit entfernt von ihrem eigenen Anspruch, souverän zu wirken.

Im 360-Grad-Feedback bekam sie zudem von Kollegen/Vorgesetzten gespiegelt: »Du hast das Wissen, aber die Art und Weise, wie es rüberkommt, ist nicht selbstbewusst. In deiner Position musst du Souveränität zeigen – auch mal klare Ansagen machen.«

Ich frage sie: »Wie kommt das Feedback bei Ihnen an, und wie gehen Sie damit um?«

## Taten zählen mehr als Worte – wie wäre es, wenn Taten zu Worten zusammenfinden?

Sie erzählt, wie sehr sie das negative Feedback stört, dass sie aber davon überzeugt ist, dass ihre Taten mehr zählen als Worte oder ihr Auftreten. Ihre Arbeit würde doch für sich selbst sprechen.

Viele Menschen – häufig übrigens Frauen – bekommen das Feedback »sei selbstbewusster« oder »tritt mehr bossy auf«. Die Herausforderung: Für Carola M. war dieser gut gemeinte Ratschlag nur schwer umsetzbar. Selbstbewusstsein ist keine Handlung – es ist ein

Gefühl, das durch Handlungen und Verhaltensweisen entsteht. Die eigentliche Frage lautet also: »Was kann Carola M. tun, damit sie sich selbstbewusster fühlt und dies auch ausstrahlt?«

Um individuelle Maßnahmen, die ihr Selbstbewusstsein stärken, entwickeln zu können, frage ich sie: »Schildern Sie eine Situation, in der Sie sich selbstbewusst gefühlt haben – wie genau sah das aus?«

Carola M. erzählt über Meetings mit Kollegen, die ihr nicht vorgesetzt sind, in denen sie sich selbstbewusst gefühlt hat.

»Wenn Sie an so ein Meeting denken, welches Adjektiv beschreibt den Eindruck, den Sie bei den Teilnehmern in diesem Meeting hinterlassen haben?«

Sie sagt, dass sie bei den »Wohlfühl-Meetings«, wie sie sie nennt, das Gefühl hat, die Kontrolle über die Inhalte zu haben.

»Stimmt meine Wahrnehmung, dass Sie bei den anderen Treffen weniger Kontrolle haben?« Dem stimmt Carola M. voll und ganz zu.

### *Das Damoklesschwert: Kontrollverlust*

Es geht also im ersten Schritt weniger um die Frage »Wie kann ich selbstbewusster kommunizieren?«, sondern vielmehr um die Frage »Wie reagiere ich in Situationen, die außerhalb meiner Kontrolle liegen?«. Im Coaching fanden wir zunächst heraus, wie Carola M. lernen konnte, selbstbewusst zu agieren, auch wenn sie keine Kontrolle über die Situation hat.

»In Meetings mit Kollegen auf gleicher Ebene oder den Mitarbeitern aus meinem Team fühle ich mich sicher. Da fühle ich aber auch sehr genau, dass ich die Autorität über die Themen habe und als Expertin anerkannt bin. Das ist ganz klar auf den Inhalt bezogen.«

»Und wie ist Ihr Gefühl in Meetings mit Ihren Vorgesetzten?«, frage ich Carola M. Sie erklärt ausführlich, dass sie dann sehr nervös ist, ihre Stimme wegbricht – worunter sie sehr leidet.

»Welchen Eindruck wollen Sie stattdessen hinterlassen? Beschreiben Sie detailliert eine in Ihrer Wahrnehmung ideale souveräne Person.« Ihre Antwort – die Person muss selbstbewusst und ruhig sein

– bringt sie allerdings nicht weiter. Das möchten wir alle in jeder Situation sein. Doch wer ist das schon?

Im Coaching geht es jetzt darum, nicht nur das Gefühl dazu herauszufiltern und zu benennen, sondern auch Carola M.s Handlungen und Verhaltensweisen, die zu diesem Gefühl führen. Gefühle kommen nicht einfach so aus dem Nichts – sie sitzen nicht auf dem Baum und springen einen an. Vielmehr sind sie das Ergebnis unserer Handlungen und Verhaltensweisen. Wir geben diesen eine Bedeutung, und daraus entsteht erst das Gefühl.

»Welches Gefühl möchten Sie anderen vermitteln, und welche Handlungen verbinden Sie damit?«, frage ich Carola M. und möchte, dass sie so herausfindet, welche Handlungen und Verhaltensweisen mit problematischen Meetings für sie verknüpft sind.

Sie erkennt, dass diese ganz eng mit ihrer Haltung, ihrem Mindset zusammenhängen.

## Mindset – set the mind

Das ist ähnlich wie bei Spitzensportlern. Es gibt die mentale Kondition, d. h. die Einstellung, mit der sie in jeden Wettkampf, jedes Training, jede Übung gehen. Es gibt die fachspezifische Konditionierung, d. h. die Techniken, die der Sportler beherrschen muss, um in der Sportart seiner Wahl erfolgreich zu sein. Und dann gibt es noch die körperliche Konditionierung, d. h. die physische Energie. Nur wenn man in allen drei Bereichen gut aufgestellt ist, kann man Spitzenleistungen erbringen.

»Was können Sie tun, dass Sie in der Lage sind, sich in den schwierigen Meetings von Ihrer besten Seite zu zeigen? Ihr Sport sind die Meetings mit ranghöheren Kollegen. Mit welchem Mindset gehen Sie in diese Besprechungen? Was denken Sie über sich selbst, und was denken Sie über die Menschen, die an der Besprechung teilnehmen? Was denken Sie über die Menschen in der Situation und den Kontext? Helfen Ihnen diese Gedanken, Ihr Ziel – glaubwürdig, ruhig und selbstbewusst aufzutreten – zu erreichen, oder arbeiten diese Gedanken gegen Sie?«

Carola M. arbeitet im Laufe des Coachings heraus, dass sie mit einem völlig unangepassten Mindset in die Meetings geht, weil sie etwa schlecht vorbereitet ist. Dazu hat sie teilweise eine schlechte Meinung von den Vorgesetzten und ärgert sich über sie. Außerdem ist sie mit ihren Gedanken oft ganz woanders und hat Panik, dass sie etwas sagen muss. Schon am Abend vorher malt sie sich aus, wie ihre Stimme zittert und sie Panik bekommt.

Ich frage sie: »Stellen Sie sich vor, Sie sind Teilnehmer in diesem Meeting, in dem Carola M. mit diesem von Ihnen geschilderten Mindset am Tisch sitzt. Welche Wirkung hat das auf Sie?«

Carola M. sagt über fast drei Minuten nichts. Es wird ihr bewusst, wie negativ und unsicher die Energie ist, die sie ausstrahlt.

»Welche Einstellung, welches Mindset würde Ihnen helfen, das Meeting mit einem Gefühl der Zuversicht, der Ruhe und der Glaubwürdigkeit zu führen? Welche Vorbereitung wäre am hilfreichsten?«

Dabei geht es gerade nicht allein um die fachliche Ebene, die Carola M. quasi als »Selbstläufer« wahrnimmt – gemeint ist vielmehr die mentale Konditionierung, die ganz eng mit Kontrolle verbunden ist. Über eine intensive Vorbereitung kann sie genau die Kontrolle erzielen, die ihr bislang gefehlt hat. Wir erarbeiten ein Fragenset, das sie bei der Vorbereitung unterstützt:

- **Was will ich wie sagen?**
- **Was sind die Schlüsselbotschaften, die ich vermitteln möchte?**
- **Mit welchem Mindset gehe ich ins Meeting?**
- **Welche Ergebnisse möchte ich genau erreichen?**

Ein großer Teil des Selbstvertrauens besteht in der optimalen Vorbereitung. So kann sie ein viel selbstbewussteres Mindset konditionieren. Das ist der erste Schritt hin zu mehr Souveränität – bevor sie den Raum zum Meeting betritt. Im zweiten Schritt arbeiten wir an der Konditionierung ihrer Kommunikationsfähigkeiten, und im dritten Schritt ging es dann um die körperliche Konditionierung. Die physische Energie, die sie z. B. über die zittrige Stimme in Meetings ausstrahlt.

In Carola M.s Fall sollte man damit beginnen, das Mindset zu hinterfragen, das zur Unsicherheit geführt hat, und dann sicherstellen, dass die Art und Weise, wie man kommuniziert und welche physische Energie man ausstrahlt, mit dieser Wirkung übereinstimmt. Carola M. fand für sich einen ganz besonderen Mindset-Trick heraus, den sie ab sofort nutzte – die »Superhelden«-Identität: Sie dachte sich vor jeder Präsentation einen imaginären Superhelden aus, der alle Eigenschaften besitzt, die sie gerne hätte, z. B. Unerschrockenheit, Eloquenz, Durchsetzungsvermögen. Vor wichtigen Meetings oder Präsentationen nimmt sie sich seither bewusst einige Minuten Zeit, um sich vorzustellen, dass sie dieser »Superheld« ist.

# Kapitel 28
# Ein Albtraum wird Realität – bleiben Sie handlungsfähig

Jeder hat seinen ganz persönlichen Maßstab, wann Compliance für ihn selbst beginnt, wie »legal« Selbstjustiz ist und wie weit ein möglicher Spielraum gefühlt tolerabel ist.

Immer wieder ist nicht regelkonformes Verhalten Thema in meinen Coachings. Zusammen mit Dr. Kathrin Niewiarra habe ich deshalb dazu ein Buch über Compliance-Coaching im Frankfurter Allgemeine Buch-Verlag geschrieben. Darin beschreibe ich unter anderem, wie es Menschen gelingt, die eigene Compliance-Messlatte so festzulegen, dass sie entspannt durchs Leben gehen können. Die persönliche Compliance-Messlatte bezieht sich auf das Grundgefühl, das bei einem Menschen hinsichtlich rechtlicher Fragen besteht – also das Verständnis von Moral und Ethik und wie wir dieses in unseren Handlungen umsetzen. Gedanken sowie Haltungen der Menschen darüber prägen die persönliche Compliance-Messlatte, die wiederum für die Kontrolle des Verhaltens zuständig ist. Was der Mensch als »gut« oder »böse«, »recht« oder »schlecht« empfindet, ist vor allem das Ergebnis der Vorbilder, Lernprozesse und Interaktionen, die er von Kindesbeinen an durchlebt. Und sukzessive entwickelt er seinen eigenen Compliance-Kompass, die Werteskala, für die er steht.

## Die Compliance-Waage

Wo fängt Compliance an? Wie viel Korrektheit ist nötig? Wie viel Spielraum darf sein im Business-Alltag, um im Wettbewerb zu bestehen? Wie viel Compliance-Freiheit darf sich jeder ganz privat gönnen? Wo ist Selbstjustiz justiziabel und wo gerechtfertigt? Ist sie überhaupt rechtmäßig? Und wie viel trägt jeder Einzelne durch seine ganz persönliche Compliance-Messlatte zum Compliance-Verständnis im Unternehmen bei?

Die Werte aus Kindertagen, Vorbilder, die Erfahrungen des eigenen Lebens und die Erkenntnisse aus dem täglichen Miteinander sind wesentliche Pfeiler der Entscheidungsfindung und ergeben eine ganz persönliche Compliance-Skala. Je näher diese an dem liegt, was gemeinhin als »compliant« erachtet und in Unternehmen als Wertekanon vorgegeben wird, desto leichter fällt das Wohlverhalten.

Fakt ist: Immer dann, wenn der Erfolgsdruck groß ist, wächst vielfach auch die Neigung, das eigene Verhalten nicht mehr so streng zu hinterfragen, nicht zu reflektieren und dann – fast schon unbewusst – auf Basis oder sogar unter Missachtung der persönlichen Compliance-Messlatte intuitiv falsche Entscheidungen zu treffen. Das kann – wie wir unter anderem immer wieder in der Industrie erleben – verheerende Folgen haben. Im Compliance-Coaching entwickele ich mit meinen Klienten Leitfäden, die angemessen »compliantes« Verhalten erleichtern.

Es gibt zahlreiche Situationen, in denen der Balanceakt Compliance gar nicht oder nur mühsam gelingt. Das kann etwa der Fall sein, wenn die »verbindliche Regel« dem eigenen Gerechtigkeitsempfinden zuwiderläuft oder die »Regel« den handelnden Personen gar widersinnig erscheint.

Dennoch bedarf es Regeln, die sich auf die Erfassung von Sinn und Zweck konzentrieren, mit dem Ziel, für möglichst viele der möglichen Situationen einen orientierenden Rahmen zu geben.

Eine Regel ist nur so viel wert wie die Bindungswirkung, die sie entfaltet. Wird Compliance von ganz oben an vorgelebt, orientieren sich alle Nachfolgenden leichter daran (Top-down-Prinzip).

Die Versuchung, die Regeln zu dehnen oder kreative Interpretationsvarianten für eigentlich klare Vorgaben zu ersinnen, besteht alltäglich. Der Seiltanz beginnt im Alltagstrubel eines jeden von uns.

Wird Compliance als transparentes, nachvollziehbares Regelwerk kommuniziert, haben alle Beteiligten eine Chance zu verstehen, warum welche Spielregeln gelten und welchen Zweck sie verfolgen.

### *Balanceakt Compliance in krasser Schieflage*

Fußt der Balanceakt Compliance allein auf Bauchgefühl oder macht man sich die spezifischen Herausforderungen im eigenen Lebensumfeld nicht bewusst, kann das zum Problem und ein Albtraum zur Realität werden:

»Die Bürotür flog auf, und vor mir standen sechs bewaffnete Polizisten von der Steuerfahndung – ich stehe jetzt noch unter Schock, ein absoluter Albtraum.«

Das war der Satz, mit dem der Vorstand eines mittelständischen Unternehmens zu mir ins Coaching kam.

»Es war wie in einem schlechten Film«, berichtete er mit angstvoller Stimme.

Viele schlaflose Nächte lagen hinter ihm – geplagt von Suizidgedanken und größter Verzweiflung. Der Vorwurf: Mitwisserschaft bei der Vorenthaltung von Sozialversicherungsbeiträgen.

Als sei ein Damm gebrochen, redete der sonst eher zurückhaltende COO schließlich eine Stunde lang und schilderte den Mittag, den er nie wieder vergessen würde. Seit diesem Ereignis war er nicht mehr in der Lage zu handeln. In der Nacht dominierten die Ängste, und am Tag war er wie erstarrt.

Er stand unter größtem Druck und war in den Freeze-Modus gefallen. Das ist unser angeborenes Angstverhalten, das schon die Neandertaler kannten. In Zeiten größter Bedrohung schaltet unser Gehirn vom Denk- in den Angstmodus. Der eine erstarrt, während andere fliehen oder kämpfen.

## »Fight – Flight – Freeze«

Schon seit der Steinzeit hat der Mensch unterbewusste Strategien entwickelt, auf Stress zu reagieren. Im Vergleich zu den Menschen in Urzeiten sind wir jedoch heutzutage selten kurzfristigen Naturgefahren ausgesetzt, sondern »lediglich« mit gedanklichem Stress konfrontiert, der dann aber über längere Zeitspannen anhält. Unsere natürlichen Reaktionen auf Stress sind jedoch gleich geblieben: »Fight – Flight – Freeze«.

»Ich möchte raus aus meiner Blockade und wieder handlungsfähig sein!«

Handlungsfähigkeit trotz der Bedrohung, möglicherweise verurteilt zu werden – das war das Coaching-Ziel. Der Druck war groß: die Scham den eigenen Kindern gegenüber, was denken die Freunde, die Nachbarn? Welche Konsequenzen hatte er zu befürchten, auch wenn er für die Vorfälle persönlich nicht unmittelbar verantwortlich war? Wie konnte er die Compliance-Skala für alle richtig justieren und nachhaltig im Unternehmen verankern, um zukünftig jedem Anfangsverdacht von Incompliance die Grundlage zu entziehen? Endlose Gedankenschleifen von Horrorszenarien hatten meinen Klienten fest im Griff. Gleichzeitig war er in seiner Funktion als COO jetzt mehr gefragt denn je.

Im Coaching ging es im ersten Schritt darum, die Beobachterhaltung (Selbstwahrnehmung) einzunehmen, um im nächsten Schritt über ein gutes Selbstmanagement wieder handlungsfähig zu werden.

### *Raus aus der Erstarrung*

Wir legten rote und gelbe Karten auf den Tisch. Auf die roten Karten schrieb er alle seine Handlungsfelder, in denen er aktuell wie gelähmt reagierte (»freeze«) – auf die gelben Karten mögliche Lösungen und Handlungsideen, die wir gemeinsam entwickelten. Anschließend legte er auf jede rote Karte die entsprechende gelbe Lösungskarte. So machte er sich seine unbewussten Denkprozesse bewusst und erkannte – auf den gelben Lösungskarten – die Wahlmöglichkeiten, die er hatte. Dann aktivierte er sein Selbstmanagement und kam so raus aus der Opferrolle: Motiviert von den Lösungsoptionen nahm er die roten Karteikarten mit den »Freeze-Faktoren« und steckte sie aktiv in den Schredder. Jetzt hatte er einen freien Blick auf die Handlungsfaktoren (gelbe Karten).

Das Feedback des Klienten nach dem Intensivtag beschreibt am besten das Ergebnis: »Mein wichtigstes Learning ist, dass ich ab sofort in Krisensituation erst wahrnehme und mir einen Überblick verschaffe, was passiert ist, statt den Kopf in den Sand zu stecken. Ich bin jetzt wieder handlungsfähig. Ich bin auch direkt in die Umsetzung gegangen: Verankerung von Compliance-Audit im Unternehmen, Compliance-Check der E-Mails vor Versand, Meetings mit Anwälten und Notaren u. v. m. Ich habe erkannt, dass mir das Jammern und die Opferrolle nicht guttun und auch nicht zielführend sind. Mit Ihrer Unterstützung bin ich raus aus der Opferrolle und wieder absolut handlungsfähig. Das befreit und lässt mich selbst in dieser angespannten Situation mit Power nach vorne schauen.«

# Kapitel 29
# Wenn das Moral-Konto voll ist

Oft konfrontieren mich Vorstände/Firmeninhaber mit der Frage, wieso es in ihrem Unternehmen ungeachtet aller Compliance-Schulungen immer wieder zu Compliance-Verstößen kommt. Ein aktueller Fall, der mich gerade in einem Coaching beschäftigt, bezieht sich auf den bis dahin sehr erfolgreichen Sales-Direktor eines Autozulieferers, der während der Corona-Zeit ein Compliance-Vergehen begangen hat, das das Unternehmen jetzt vor rechtliche Probleme stellt. Der Direktor war bislang hochangesehen, ein »Arbeitstier« – 70-Stunden-Wochen waren die Regel. Das ist der Hintergrund, den ich zunächst mit meinem Klienten austausche:

## Augen zu, dann ist alles gut

In meinem Buch »Balanceakt Compliance« habe ich mich intensiv mit den Ursachen von nicht regelkonformem Verhalten beschäftigt. Dan Ariely ist einer der führenden Wissenschaftler weltweit, der zahlreiche Studien zum Thema »Betrug und Unehrlichkeit« durchgeführt hat. Seine zentrale Frage war: »Wo hat betrügerisches Verhalten seine Wurzeln?«

Sein Interesse für das Thema hatte er wenige Monate nach dem Zusammenbruch des Energiekonzerns Enron im Jahr 2001 entdeckt. Die wesentliche Ursache des Niedergangs von Enron lag darin, dass vom Vorstand bis zum Berater inklusive der inzwischen pleitegegangenen Wirtschaftsprüfungsfirma Arthur Andersen alle systematisch vor betrügerischen Machenschaften die Augen verschlossen hatten. Im Gespräch mit einem Berater erfuhr Dan Ariely, dass dieser sicher war, nichts von den Betrügereien bemerkt zu haben. Als die Sache dann aufgedeckt wurde, konnte der Berater kaum fassen, dass er lange Zeit die offensichtlichen Entwicklungen systematisch ausgeblendet hatte.

Wer allerdings nun glaubt, dass wir mit diesem Beispiel des systematischen Ausblendens krimineller Machenschaften im Fall Enron bereits die Spitze des Eisbergs erreicht haben, der irrt. Denn nicht selten nehmen wir, wenn unser Wille aufgrund einer hohen Entscheidungsdichte erschöpft ist, auch gänzlich irrationale Abkürzungen – wie folgendes Beispiel eindrucksvoll demonstriert:

Nordosten der USA. Etwa 22.00 Uhr. Der Gouverneur surft nach einem anstrengenden Arbeitstag im Internet. Per Zufall oder auch nicht landet er auf der Seite eines internationalen Escortservices für höchste Ansprüche. Der Club verspricht: »Es ist unser Ziel, Ihr Leben friedlicher, ausgeglichener, schöner und sinnvoller zu gestalten.« Zur Erfüllung der Wünsche präsentiert der Club Fotos von hübschen, jungen Frauen, die ihm gegen eine Vermittlungsgebühr jederzeit für gemeinsame Freizeitaktivitäten zur Verfügung stehen. Der Gouverneur hat die Wahl: Website und Büro verlassen und nach Hause fahren oder auf eines der Angebote eingehen.

Was glauben Sie, wie er sich entschieden hat? Nein, hier ist nicht die Rede von einem x-beliebigen oder gar erfundenen Politiker: Es geht um Eliot Spitzer, den ehemaligen Gouverneur von New York. Als er 2006 für das Amt kandidierte, hatte es der smarte Jurist bereits zum Generalstaatsanwalt gebracht und gewann die Wahl zum Gouverneur schließlich mit dem höchsten Prozentsatz in der Geschichte des Bundesstaates. Ein Hoffnungsträger also, dem seine Wähler und Förderer auch das Präsidentenamt zutrauten – er wäre der erste jüdische Präsident der USA geworden.

Das Paradoxe an dem, was dann passierte: Eliot Spitzer trat selbst stets als ein erklärter Gegner von Internetprostitution auf, er zerschlug Zuhälterringe und zog die Verantwortlichen zur Rechenschaft, was ihm insbesondere bei Frauen- und Menschenrechtlern Sympathiepunkte einbrachte. Und dann das: Während eines Aufenthalts in Washington bestellt er als »Client 9« eine junge Frau zu sich ins Hotelzimmer.

Nicht nur seine Anhänger stellten sich daraufhin die Frage: Warum trifft ein als Saubermann gefeierter Politiker – der zudem auch noch Ehemann und Vater ist – eine solch selbstzerstörerische Entscheidung?

Der Grund ist auch bei ihm u. a. in der neurophysiologisch bedingten Entscheidungsmüdigkeit zu suchen. Treffen kann sie jeden, den Politiker genauso wie die Managerin, die ganz normale Führungskraft wie auch den Vorstand, unabhängig vom Geschlecht, der sozialen Stellung oder beruflichen Verantwortung. Denn letztendlich steckt hinter jedem Compliance-Vergehen auch eine bewusste Entscheidung, die u. a. psychologische Hintergründe hat.

## »Sattes Plus auf dem Moral-Konto«

»Moral Licensing« ist hier das Schlüsselwort. Dahinter verbirgt sich das psychologische Phänomen, dass jeder Mensch eine Art Moral-Konto hat. Darauf wird mental eingezahlt, wenn gute Taten vollbracht werden, und abgehoben, wenn es schlechte sind. Auf diese Weise kann man sich nach einer inneren Bilanz von Schuldgefühlen innerlich freikaufen, da sich die Taten gegenseitig aufwiegen. Erst wenn das Konto nicht mehr ausgeglichen ist bzw. unter null fällt, bekommt man Schuldgefühle.

Das »Moral Licensing« wird vom Unterbewusstsein gemanagt. Top-Manager, die irgendwann die Bodenhaftung verloren haben und dann Compliance-Skandale verursachten, unterlagen häufig diesem Phänomen. Sie zeigen sich deshalb oft auch nicht wirklich schuldbewusst, weil sie in ihrem Innersten gar kein Fehlverhalten verspüren. Ähnlich erging es wohl Eliot Spitzer, der in seiner Eigenschaft als Gouverneur so intensiv gegen Prostitution vorgegangen ist, dass er überzeugt davon war, sich als Privatmann ruhig ein paar Freiheiten herausnehmen zu können. Legt man den Ansatz des »Moral Licensing« zugrunde, könnte man sagen: Der Staatsanwalt landete in den Armen einer Prostituierten nicht obwohl, sondern gerade weil er selbst so vehement dazu beigetragen hatte, solch unmoralische Verhaltensweisen einzudämmen. Sein Moral-Konto war in seiner Wahrnehmung aufgefüllt.

Auch wenn, wie im Falle Spitzer, die Paradoxie dahinter klar zu erkennen ist und ein solches Verhalten als charakterlos gewertet wird, so ist es ein Fakt, dass »Moral Licensing« ein unbewusster Prozess ist, der tatsächlich in manchen Fällen mit einem gewissen Realitätsverlust einhergeht. Begünstigt wird ein solcher Realitätsverlust durch die heutigen Karrierewege. Noch immer gehen viele Top-Manager durch einen Auswahlprozess, der sie in dem Glauben bestärkt, dass sie die Größten sind. 60-und-mehr-Stunden-Wochen führen dann dazu, dass das Moral-Konto – gefühlt – bis zum Anschlag voll ist. Man »opfert ja sein Leben« für das Unternehmen und den (persönlichen) Erfolg.

*Das Menscheln im Blick*

Im Falle meines aktuellen Klienten führte diese Einsicht dazu, die bestehenden Compliance-Schulungen in seinem Unternehmen zu überarbeiten, mit dem Fokus auf den Menschen und ihrer Psyche. Bislang waren die Schulungen – wie bei den meisten Unternehmen – rein formal ausgerichtet. Der psychologische Hintergrund fand nicht statt. Im Mittelpunkt von Compliance-Vergehen steht aber immer der Mensch und nicht die Form. Und das, obwohl die faszinierenden psychologischen Phänomene, bei etwas intensiverer Reflexion, den meisten Unternehmern und Führungskräften aus ihrer beruflichen Alltagspraxis nur allzu gut bekannt sind.

# Kapitel 30
# Abtauchen in die Tiefe des Selbst – Selbstbeobachtung als Erfolgsrezept

Eine zentrale Lösungsformel, die ich immer wieder mit meinen Klienten entwickle, ist die Beobachterhaltung. Die Umsetzung ist zweifelsohne individuell – der Hintergrund, wie es gelingt, in die Tiefe des eigenen Bewusstseins zu blicken, dagegen universell:

## Schau hin

Die Beobachterhaltung nimmt sich präzise die individuellen Gedankenmuster vor und zielt auf einen inhaltlichen Perspektivenwechsel ab. Sie führt dazu, dass wir nachhaltig lernen, unbewusste Denkprozesse bewusst zu machen, um so auch in schwierigen Situationen Wahlmöglichkeiten besser erkennen und nutzen zu können. Wir alle entwickeln im Laufe unseres Lebens Gedankenmuster, die in bestimmten Situationen aktiviert werden. Dahinter verbergen sich unsere höchstpersönlichen Ansichten, Glaubenssätze, (Vor-)Urteile, Meinungen, Assoziationen zu bestimmten Personen und Ereignissen in unserem Leben. Diese wiederholen sich im Laufe unseres Lebens und wachsen zu einem Netzwerk zusammen, in dem sie aktiv sind.

Auslösende Situationen automatisierter Denkprozesse und deren negative Auswirkungen auf unser Verhalten sowie die Emotionen sind jedem von uns aus dem Alltag bekannt. Demnach ist es kontraproduktiv, Versagensängsten und dem Streben nach Perfektionismus damit zu begegnen, in komplexen Entscheidungsprozessen detailorientiert vorzugehen und dabei möglichst viele Parameter verbessern zu wollen. Vielmehr sollte man eine souveräne und selbstbewusste

Haltung automatisieren, um mit Überblick Entscheidungen treffen zu können.

Ebenso wenig hilfreich ist es, während einer Rede permanent an ein mögliches Versagen zu denken, anstatt gedanklich den Erfolg zu planen. Oder sich in einer »kritischen« Situation, in der es z. B. um Compliance-Fragen geht, von Glaubenssätzen, wie »Das merkt schon keiner« oder »Das machen doch alle« leiten zu lassen, anstatt rechtzeitig über das Vorgehen und mögliche Konsequenzen zu reflektieren.

Unsere Denkmuster sind oft über Jahrzehnte erlernt, und die daraus resultierenden Verhaltensweisen laufen automatisch ab. Die Gedanken werden als nicht kontrollierbar empfunden, wenn man sie nicht auf Kommando abstellen kann. Die Folge: Man folgt den Automatismen.

Ein Beispiel aus meinen Compliance-Coachings: Gedankenmuster, die nicht regelkonforme Entscheidungen prägen (»Das macht doch jeder«, »Das merkt schon keiner«). Sie werden gerne als »Entschuldigung« genutzt – die Interpretation »gesellschaftlich akzeptiert« wird auf diese Weise schnell zum Feigenblatt.

## Spot on

Um Denkmuster zu verändern, sind neben dem Willen zur Veränderung vor allem geeignete Techniken und nachhaltiges Training notwendig. Ein wichtiger Schritt ist die Bewusstmachung. Je besser wir unsere Gedankenmuster erkennen, desto leichter gelingt es uns auch, sich von ihnen zu lösen. Das in heiklen Situationen auftretende Chaos und die Widersprüche in unserem Inneren lassen sich sortieren, wenn wir uns sortieren.

Das wirkungsvollste Vorgehen besteht darin, die automatisierten, intuitiven Prozesse bewusst zu machen – dazu muss man lernen, sie zu beobachten und einzuordnen. Durch die bewusste Beobachtung stellen wir die Gedankenmuster im übertragenen Sinn ins Scheinwerferlicht. Dadurch können sie sich nicht mehr im Unterbewusstsein verstecken und unbemerkt Schaden anrichten. In dem Moment, in dem wir sie regelmäßig beobachten, fliegt die Tarnung auf, und wir holen die Prozesse ans Tageslicht. Wenn wir diesen Prozess automatisieren, schärfen wir unsere Gedankenmuster und lernen, Entscheidungen bewusster zu treffen. Wir haben die Chance, von der Opferrolle (»Ich musste ihn schmieren, weil die Umstände so waren ...«) zum Mitgestalter zu wechseln. Die gute Nachricht: Das ist jederzeit und für jeden möglich. Eine Herausforderung ist es zweifelsohne.

## Ihr individuelles Trainingsprogramm

Zur Veränderung oder Verbesserung der aktuellen Situation gilt es, einmal etwas Neues auszuprobieren. Haben Sie sich schon einmal gefragt: »Kann man ›das‹ auch anders machen?« Oder: »Gibt es auch eine andere Perspektive?« Ja, man kann! In meinen Transformationscoachings entwickele ich dazu gemeinsam mit meinen Klienten Techniken, die Beobachterhaltung individuell in den Alltag zu integrieren. Für jeden ist dieser Weg anders. Das ist wie im Sport oder der Musik. Die Trainings- und Übungsmethoden sind unterschiedlich. Eines haben alle gemeinsam: Nur wer regelmäßig trainiert, wird Meister.

Im Transformationscoaching geht es unter anderem um das Erkennen von Wahlmöglichkeiten – auch in schwierigen Situationen. Das Gefühl der Kontrolle erhöht automatisch unsere Zufriedenheit, weil wir die Dinge plötzlich selbst in der Hand haben. Wenn wir den Beobachter in uns trainieren, verleiht das dem Leben eine neue Dimension. Denn plötzlich leben wir nicht in einem Film, für den andere das Drehbuch schon geschrieben haben, sondern wir sind Zuschauer und beobachten, was geschieht. Aus der so (neu) gewonnenen Metaposition gelingt es uns viel leichter und effektiver, in unsere von Mustern gesteuerte Handlung einzugreifen. Indem wir uns unserer Gedankenmuster bewusst werden, gehen wir den ersten entscheidenden Schritt, um im Anschluss aktiv in unseren Entscheidungsprozess einzugreifen.

*Wer wird denn gleich in die Luft gehen?*

Führungskräfte haben im Laufe ihres Berufslebens gelernt, sich in ihren täglichen professionellen Entscheidungen innerhalb der Organisation logisch und rational zu verhalten. Gerade deshalb ist es wichtig, sich anhand dieser Übungen bewusst zu machen, wie stark für jeden von uns das menschlich irrationale Momentum auch in professionellen Entscheidungen das Steuer übernimmt.

Wir haben jedoch die Chance zu erkennen, dass unser Kontrollzentrum über eine Art Aktionssoftware verfügt, die wir im Laufe unseres Lebens geprägt bzw. geschrieben haben. Diese Aktionssoftware ist es auch, die wir unbewusst in Entscheidungsfragen abrufen. Kodiert wird sie durch unsere Wahrnehmungsfilter. Diese wiederum haben ihre Basis in unseren Werten und Überzeugungen. Denn die letztendliche Entscheidung – gehe ich in die Luft oder nicht, handele ich »compliant« oder eben »nicht compliant« – ist eine menschliche Entscheidung, zumindest noch. Wenn Sie Ihre Muster einfach einmal notieren – dazu entwickele ich mit meinen Klienten im Transformationscoaching Übungen – können Sie die Daten Ihrer eigenen Aktionssoftware im Anschluss locker auslesen. Oder anders ausgedrückt: Sie erkennen anhand Ihrer Aufzeichnungen, wie Sie ticken.

*Der Schlüssel*

Der Schlüssel liegt im Erkennen, Reflektieren und aktiven Beeinflussen der »lieb gewonnenen« Automatismen. Durch das tägliche Training des Beobachtens kann jederzeit, auch in schwierigen Situationen, wie selbstverständlich erst einmal innegehalten werden, um Haltung zu bewahren und dann nach den selbst gewählten Direktiven zu handeln. Und mit jedem Mal, mit welchem dieser Prozess vollzogen wird, entwickelt er sich mehr und mehr zur Routine. Versprochen?!

# Kapitel 31
# Authentizität darf wachsen – und Zufriedenheit auch!

Glück oder (für die »Gemäßigten« unter meinen Lesern) Zufriedenheit kann jeder lernen. Diese Erkenntnis beruht nicht auf »spinnerten« Eso-Ideen, sondern sie basiert auf den Feststellungen der Wissenschaft. Es ist fast schon eine Binsenweisheit, dass die Forschung im Gehirn ein Zentrum für positive Gedanken und Gefühle – ein Glücksareal – nachgewiesen hat, das jeder Mensch trainieren kann.

Die Ergebnisse sind erstaunlich. Schon nach wenigen Tagen optimistischen Denkens wächst dieses Areal, die Glücksmomente werden häufiger und stärker erlebt. Das heißt: Tägliches Glückstraining zeigt eine unmittelbare Wirkung im Gehirn. Dabei hat dieses Glückstraining nichts mit dem herkömmlichen positiven Denken zu tun.

Das positive Denken, das in den 80er-Jahren Hochkonjunktur hatte und auch heute noch auf so manchem »Chaka-Seminar« skandiert wird, beschönigt und ignoriert das Schlechte. Denn – Achtung, Kritiker, jetzt kommen Sie zum Zug – »Depri-Gefühle« sind wichtig für die menschliche Psyche. Sie sind sogar in der Überzahl, wenn man menschliche Emotionen insgesamt betrachtet. Aber warum eigentlich?

Positive Gefühle sind zwar erstrebenswerter, aber negative sichern das Überleben. Sie lassen uns zum Beispiel zwischen Freund und Feind unterscheiden, zwischen Recht und Unrecht, und sie ermöglichen es uns, Gefahren zu erkennen. Deshalb sollte man unangenehme Gedanken auch nicht per se ignorieren. Es ist wichtig, sie in unser Leben zu integrieren und anzunehmen.

Beim Glückstraining geht es daher weniger um positives Denken, als vielmehr darum, die vorhandenen guten Gefühle zu vermehren und die schlechten zu verringern. Letztendlich ist es ein reiner Erziehungs- und Entwicklungsprozess für unsere Neuronen. Entscheidend ist die Entschlossenheit, den Fokus zu verändern und glücklicher sein zu wollen. Denn nur der effektive Lern- und Lehrprozess, die »richtigen Gedanken« zu denken, die eigenen Wünsche und Bedürfnisse ernst zu nehmen und das selbstbestimmte Ziel zu finden, bringen uns diesem Ziel näher.

## Just do it!

Wer regelmäßig Sport treibt, stärkt seine Fitness. Wer täglich Klavier spielt, übt seine pianistischen Fähigkeiten. Wer regelmäßig den persönlichen Zufriedenheitsmuskel trainiert, lässt Ängste los und entwickelt sein Glücksbewusstsein. Wer seine eigenen Stärken erkennt und fördert, lebt sein Potential. So kann jeder selbst und wesentlich zu seinem persönlichen Glück beitragen. Eine gute Nachricht für die Top-Manager in Ihnen: Strategisches und rationales Denkvermögen unterstützt Sie dabei, Ihr persönliches Glücksempfinden zu stärken.

Lassen Sie mich dazu ein Beispiel aus meiner Coaching-Praxis schildern: Ein Vorstand war täglich mit seiner Unzufriedenheit konfrontiert, die er an seinen Mitarbeitern »auslebte« – wie er sich selbst eingestand. Er war bereit, an sich zu arbeiten. Die Atmosphäre im Unternehmen war aufgeladen. Sein Ziel war es, eine Verbesserung der Situation zu erzielen.

Auf meine Frage »Was wäre ein gutes Ergebnis?«, reagierte er überzeugt: »Ich bin mir sicher, dass ich diese Unzufriedenheit in mir nie loswerde – dieser Grantler, der auch in die Luft geht, das bin ich eben.« Sonst fühle er sich nicht authentisch.

»Authentizität darf wachsen«, erklärte ich ihm.

Unsere Persönlichkeit ist nicht aus Beton. Im Gegenteil: Wir entwickeln uns ständig weiter. Unsere Fähigkeiten, unser Verhalten etc. – unser Leben ist ein steter Entwicklungsprozess. Zwar wird aus einem introvertierten und kooperativen Nerd nur selten eine den Wettbewerb liebende Rampensau.

Die Weiterentwicklung der eigenen Persönlichkeit an sich ist dagegen ein natürlicher Prozess. In einer Studie haben Margaret King und Jamie O'Boyle (Center for Cultural Studies & Analysis) nachgewiesen, dass der Mensch sich zwischen 35 und 40 Jahren neu erfindet und dann noch einmal zwischen 55 und 60 Jahren – das erst macht ihn authentisch. Die abgeschlossene, finale Persönlichkeit ist also eine Illusion. Authentizität darf wachsen! Wir können auch authentisch sein, wenn wir uns und unser Verhalten nach außen verändern. Entscheidend ist, dass wir im ursprünglichen Sinne des Wortes – aus dem Griechischen authentikós, »autos« bedeutet selbst, und »ontos« bedeutet sein – wir selbst sind.

## Grantler Ade

Der Gedanke, seine Grantler-Persönlichkeit infrage zu stellen oder gar loszulassen und im ersten Schritt den Fokus auf seine persönliche Zufriedenheit zu legen, überzeugte meinen Klienten zunächst nicht. Er war sich sicher, diese Unzufriedenheit, die »Rastlosigkeit«, wie er sie nannte, nie loszuwerden – Zufriedenheitsgefühle waren ihm fremd geworden. Seine Erklärung: Sein ständiger Wissensdurst, sein unermüdlicher rationaler Umgang mit Problemen führten dazu, dass seine Gedanken ständig »Karussell« fuhren und damit nie stillstanden. Rund um die Uhr stelle er sich und seine Arbeit infrage. Zufriedenheit kenne er nicht mehr.

Im Coaching forschten wir nach der Ursache: Eines seiner Hauptbedürfnisse war es, Bedeutung zu erlangen. Sein Streben nach Bedeutung befriedigte er – zusätzlich zu den Erfolgen, die er rein zahlenmäßig im Unternehmen vorzuweisen hatte (und die für ihn schon zur Normalität geworden waren) – mit einem ständigen Gedankenkarussell, das ihn und seine Umwelt infrage stellte. Er wollte immer mehr wissen, über sich, über die Prozesse, über Inhalte, kurzum: über alles, was ihn umgab.

»Dieser ›Allwissende‹ zu sein, macht mich glücklich«, stellte er fest.

Nur, dass dieser Glücksmoment quasi nie eintrat. Als ihm deutlich wurde, dass dieses Streben nach Bedeutung eine wesentliche Ursache für seine Unzufriedenheit war, ging er den zweiten Schritt hin zur Zufriedenheit fast schon von selbst und gelangte zu der Einsicht, dass er selbst die Macht über seine Gedanken hat und es jetzt eine Frage der Disziplin ist, die »richtigen Gedanken« zu fassen.

Er nutzte seine Energie, »alles zu wissen« und zu hinterfragen, und ließ sich auf den neuen Weg ein: Er trainierte, seinen belastenden Gedankenprozess zu stoppen und übte täglich eine neue »Faustregel« für sein Gehirn: »Ich schätze mein Gehirn – ich lasse das Gedankenkarussell los.« Er würdigte damit sein aktives Denken und begab sich gleichzeitig in die Lage, durch den Loslass-Prozess Zufriedenheit aufzubauen. Ein positiver Nebeneffekt: Er wurde gelassener. Beides – Zufriedenheit und Gelassenheit – strahlte er dann auch auf das Unternehmen aus und konnte zusätzliche Erfolge verbuchen.

# Kapitel 32
# Endlich Zeit für Vision

Die Komplexität der Welt – die anstehende Transformation in vielen Unternehmen erfordert neues Denken, neue Fähigkeiten und neue Expertise. Ich arbeite mit Top-Leadern genau zu diesen Themen, z. B., wenn die Komplexität zu Mikromanagement führt – weil es dem Unternehmer in den Wirren der VUCA-Welt nicht gelingt, Themen zu priorisieren, sich zu fokussieren und Delegation umzusetzen. Der Eigentümer einer Firma mit ca. 5000 Mitarbeitern hat mich beauftragt, weil seine Firma mit schlechten Zahlen und großer Mitarbeiterunzufriedenheit zu kämpfen hat. Er selbst sei auch unzufrieden und komplett überfordert von der Komplexität, mit der er in seiner unternehmerischen Tätigkeit tagtäglich konfrontiert sei. Die Folge: zu viel Mikromanagement, zu wenig Delegation und mangelnde Fokussierung auf das Wesentliche.

## Auf der Suche nach der verlorenen Zeit

Im ersten Schritt gingen wir auf die Suche nach seinen Zeitfressern.

»Das Handy ist mein größter Zeitvergeuder überhaupt«, stellte er schnell selbstkritisch fest. »Ich lese extrem gerne – auch auf dem Handy. Die Gefahr auf dem Handy ist, dass man Wissen, das nicht notwendig ist, auch konsumiert. Das Handy ist als Lesequelle eine absolute Gefahr für meine Effektivität.«

Auf meine Frage »Welche Zeitfresser können Sie noch identifizieren?«, fand er schnell weitere »Klassiker«, die man leicht unter dem Stichwort »Delegation« zusammenfassen kann.

Bei der Vorbereitung wichtiger Lobbytermine übernahm er bspw. vom Schreiben einzelner E-Mails für die Terminbestätigung, über das Lesen von Zeitungsartikeln, die evtl. für die Thematik relevant sein könnten, bis hin zu Abstimmungstelefonaten für die Organisation im Vorfeld alles selbst.

»Was noch?«, hakte ich nach.

»Es fällt mir schwer, die richtigen Prioritäten zu setzen. Immer wieder lasse ich mich ablenken, lasse zu, dass Mitarbeiter auch mit weniger relevanten Themen auf mich zukommen. Dann nehme ich mir Zeit. Oder ich nehme mir Zeit für eine Recherche, die sicherlich auch andere machen könnten.«

Im Coaching lernte er zu delegieren, zu priorisieren und konnte so seine Effektivität signifikant steigern und freie Zeitfenster schaffen. Er stellte neue Mitarbeiter an Positionen ein, die er brauchte, um sein Unternehmen voranzubringen – u. a. einen Vorstandsassistenten, einen HR-Manager und einen Innovationsmanager. Innerhalb von drei Monaten führte er einen wöchentlichen »Think-Tank-Termin« als »No-matter-what«-Termin ein und investierte Zeit zur Entwicklung einer Unternehmensvision und der dringend notwendigen Strategien zur Zukunftssicherung.

Im nächsten Schritt bat er mich, einen Transformationsprozess für das gesamte Unternehmen zu starten. Das Ergebnis nach einem Jahr Zusammenarbeit ist beeindruckend: Neben einer klaren Steigerung der Mitarbeiterzufriedenheit und einem Turnaround schaffte der Unternehmer sich auch privat neue Freiräume und hat nach vielen Jahren wieder mit regelmäßigem Lauftraining begonnen. Das Ziel klar vor Augen: der nächste New-York-Marathon.

# Kapitel 33
# Wenn Leidenschaft zur Last wird

New York. Investment Forum 2021. Der Keynote-Speaker – ein »hochdekorierter«, international renommierter Top-Leader – hält seine Rede mit Leidenschaft. Anschließend »stehen die Leute Schlange«, jeder will mit ihm reden. Jedem Gesprächspartner widmet er sich mit unglaublicher Zugewandtheit – sichtbare Empathie. Beim Dinner verwickelt er mich in ein Gespräch. Ganz schnell geht es um ihn, um seine Gesundheit, das rasante Leben, seine Erfolge und um seine OP ein paar Tage später.

»Wenn der Druck zu viel wird«, fasse ich zusammen und – ich gebe zu – begehe den größten Anfängerfehler, den ein Coach machen kann! Interpretiere niemals etwas in eine Aussage deines Klienten hinein, das der Klient selbst nicht gesagt hat. Erste Stunde Coaching-Ausbildung.

Seine Antwort führte es mir sofort vor Augen: »Nein, es ist nicht der Druck. Es ist meine Leidenschaft, die zur Last geworden ist! Es ist wie eine Sucht. Ich kann einfach nicht aufhören. Ich kann aufgrund meiner außerordentlichen Möglichkeiten so viel bewegen. Gemessen daran ist meine Lebenszeit doch viel zu kurz. Arbeiten ist für mich aber auch ein Produktivitätsindikator. Ich werde schließlich an meinen Erfolgen gemessen«, sprudelt es aus ihm heraus.

»Was genau meinen Sie mit Produktivitätsindikator?«, frage ich vorsichtig auf der »formalen« Ebene nach, um erst einmal eine Vertrauensebene herzustellen und nicht gleich zu tief auf der persönlichen Ebene einzusteigen.

»Ich habe das Gefühl, nur wenn ich voll beschäftigt bin, mehrere Projekte parallel laufen, Termine auf mehreren Kommunikationskanälen (E-Mail, Zoom, Teams etc.) auf einmal habe, von einer

Besprechung, einem Call zum nächsten renne, dann bin ich produktiv. Am Ende des Tages frage ich mich dann schon, wohin mich meine Leidenschaft so führt. Was ich eigentlich erreicht habe.«

»Und das schafft Leiden?«, frage ich jetzt schon etwas mutiger.

## Die Leidenschaft, die Leiden schafft

»Ja!«

Pause. Er atmet tief durch und strahlt dabei über das ganze Gesicht.

»Ja – Sie haben den Nagel auf den Kopf getroffen. Aber es ist kein Leiden, es ist die Leidenschaft, die mir zu schaffen macht. Klingt jetzt irgendwie schräg, aber es trifft es. Und mir ist schon klar, so kann ich nicht weitermachen. Die anstehende OP ist notwendig, weil ich zu viel Stress habe.«

»Was wäre eine Sache, die Sie gerne nach der OP anders machen würden?« Meine Fragen wähle ich sehr vorsichtig. Ich habe ja keinen Coaching-Auftrag.

»Haben Sie eine Idee für mich?«, fragt er zurück.

»Nun, ich könnte Ihnen jetzt eine lange Liste aufzählen, was hilfreich sein könnte. Das ist dann wie beim Dartspielen mit verbundenen Augen. Es geht ja um die Frage, was Sie gerne anders machen möchten, und nicht welche Ideen ich hätte. Einen Impuls hätte ich dennoch für Sie: Was halten Sie davon, der Leidenschaft einen neuen Namen zu geben? Enthusiasmus vielleicht? Das ist eine prägende Charaktereigenschaft, und ich könnte mir gut vorstellen, dass Sie in Ihrem Charakterprofil (ich berichte ihm in diesem Zusammenhang vom LPP) eine große Rolle spielt. Menschen mit einer hohen Enthusiasmus-Ausprägung lassen sich schnell begeistern und teilen diese Begeisterung auch aktiv mit anderen.«

»Oh ja, das stimmt absolut. Ich bin sehr schnell begeisterungsfähig und teile meine Begeisterung auch sehr gerne mit anderen Menschen. Nur was bringt mir das? Ob ich jetzt Leidenschaft oder Enthusiasmus sage?«

»Zunächst sendet das Wort ›Leidenschaft‹ eine klare Botschaft an Ihr Unterbewusstsein. Es schafft Leiden – so haben Sie es eben auch spontan erzählt. Enthusiasmus dagegen ist zunächst einmal neutral und kann Sie dabei unterstützen, einen positiven Turnaround zu starten. Weg von der Leidenschaft hin zu …? Das ›Hin zu‹ müssen Sie selbst definieren. Dazu erst einmal in sich hineinspüren, die Lösung finden und dann mit dem Ihnen vertrauten Enthusiasmus umsetzen.«

## Begeisterung spüren – aus Last wird Lust

Ich sah an seinem Gesichtsausdruck, wie mein Gegenüber beim Wort »spüren« fast schon stutzte und versuchte, meinen Worten zu folgen. Sein Blick auf seine leistungsorientierte Welt war jahrzehntelang geprägt von logischen und rationalen Überlegungen – »hineinspüren« klang in dem Konzert der täglichen Leistungsorientierung wie ein Fremdwort.

»Was halten Sie von einem Perspektivenwechsel?«, hakte ich nach.

»Wie könnte der aussehen?«

»Gehen Sie auf Erkundungstour zu Ihrem Selbst. Fragen Sie sich: Unabhängig von dem, was ich bisher erreicht habe: Was schafft Leiden? Was gibt mir Kraft? Und schlussendlich: Wie könnte aus der Last wieder Lust werden? Welche meiner Charaktereigenschaften unterstützen mich dabei? Was motiviert mich wirklich?«

Wer sich selbst und sein Handeln hinterfragt, seine Charaktereigenschaften, Motive und Kompetenzen bewusst macht, erkennt neue Wahlmöglichkeiten und kommt der Selbstbestimmung ein ganzes Stück näher. Statt »ferngesteuert« durchs Leben zu hasten, entsteht so die Möglichkeit, mit Bewusstheit den selbst gesetzten Zielen zu folgen.

Das Gespräch wurde übrigens unsanft unterbrochen von einem der vielen, wartenden Menschen, die an diesem Abend mit ihm reden wollten.

Am nächsten Tag hatte ich schon eine Anfrage zu einem Call in meinem Postfach: »Wann haben Sie Zeit, Frau Segschneider? Sobald ich aus dem Krankenhaus bin, möchte ich über meine Leidenschaft sowie meinen übertriebenen Enthusiasmus mit Ihnen reden.«

Kurze Zeit später startete er das einjährige Transformational-Leadership-Programm, das ihn auf den Weg zu seinem persönlichen und beruflichen Wohlergehen führte.

# Kapitel 34
# Keine Zauberei: Ohne Aufregung präsentieren

Carola M. – Sie kennen sie bereits aus ihrem ersten Coaching (siehe Kapitel 27) – kam zum dritten Intensivtag. Sie gehört definitiv zu meinen »Musterklienten« – sehr stark in der nachhaltigen Umsetzung der erarbeiteten Lösungen. Ihr Ziel: endlich entspannt und souverän Präsentationen halten, den nervigen hohen Adrenalinpegel loswerden, in den Nächten vor wichtigen Präsentationen gut schlafen können, statt nachts wach zu liegen vor Aufregung, eine klare Stimme haben, ruhig atmen.

Vor vier Monaten war sie zu ihrer Coaching-Reise gestartet, hatte neue Glaubenssätze für sich gefunden und mit täglichen Affirmationen ihr Unterbewusstsein neu »programmiert«. Sie klopfte ihre Thymusdrüse vor jedem Auftritt, sorgte für eine gute Schlafhygiene am Abend zuvor u. v. m.

Ihr Feedback war dementsprechend positiv: »Ich habe mit den Tools, die Sie mir an die Hand gegeben haben, einen guten Ansatz und Weg gefunden, mehr Selbstsicherheit aufzubauen und auch mit der Nervosität besser umzugehen. Generell merke ich, dass sich an meinem Mindset schon sehr viel bewegt hat, dass es ständig in mir arbeitet und ich in den vergangenen Wochen innerlich gewachsen bin.«

## Positive Gedanken – woher nehmen ...?

Auf meine Frage im Pre-Coaching, was ihr jetzt noch schwerfalle, schrieb sie: »Es fällt mir trotz aller Erfolge immer noch enorm schwer, mit meiner Nervosität gut umzugehen und in dem Moment, in dem ich performen soll, die negativen Gedanken des Versagens in positive umzuwandeln.« Damit war die Aufgabe für die dritte Session klar: Wie kann es Carola M. gelingen, leichter mit ihrer Nervosität umzugehen und v. a., wo liegt sozusagen »der Hase im Pfeffer« – warum gelingt es ihr trotz ihres Engagements nicht, entspannt aufzutreten?

Wir starten in den Intensivtag mit der Aufgabe: Beschreibe den Status quo.

- »Es ist wieder komplett Land unter. Einfach viel zu viel Feuerlöschen. Reagiere nur. Zu viel Masse – ich komme nicht hinterher. Es kommt immer noch mehr on top. Keine Zeit für Vorbereitung auf Meetings. Es ist ein Riesendruck.«
- »Seit Monaten liege ich meiner Chefin in den Ohren, dass es zu viel ist. Sie scheint auf dem Ohr taub zu sein bzw. sie hat selbst so viel zu tun und sieht vor lauter Bäumen den Wald nicht mehr.«

Anschaulich erläutert Carola M. ihre aktuelle Situation und zeigt gleichzeitig auf, dass sie selbst keine Grenzen setzt und neue Aufgaben immer noch weiter annimmt. »Wenn ich nicht da bin, bricht der ganze Bereich zusammen.«

## Ohne mich läuft hier nichts

Im weiteren Diskurs erkennt Carola M. zunehmend, dass sie selbst aktiv Einfluss nimmt auf die Tatsache, unentbehrlich zu sein. Denn dahintersteckt auch ihre Hoffnung, wahrgenommen zu werden – ihr großes Bedürfnis nach Zuneigung und Aufmerksamkeit. Statt auch mal ein klares Nein auszusprechen, sammelt sie geradezu Zusatzaufgaben, um gesehen zu werden.

Ihre **Erkenntnis**: »Statt Verantwortung zu übernehmen für meinen Bereich und dafür, dass die Projekte in meiner Abwesenheit weiterlaufen, habe ich versucht, mich unentbehrlich zu machen, indem ich immer mehr Aufgaben annehme. So habe ich eine Situation geschaffen, die – sobald ich ausfalle – für meinen Aufgabenbereich problematisch wird. Klar, dass meine Chefin meine ›Zu viel‹-Klagen nicht mehr hören kann, weil ich auch nicht wirklich etwas daran ändere. Ich biete ihr keine Lösung an.«

Die **Lösung** haben wir im Coaching erarbeitet. Im ersten Schritt hat sie das »Zu viel« visualisiert:

- **Arbeitsaufwand visualisieren:** Transparenz über ihre To-dos schaffen. Welche To-dos/Themen/Aufgaben? Wie lange braucht sie für die einzelnen To-dos etc.?
- **Zeitfresser identifizieren.**
- **Delegationspunkte identifizieren:** Welche Projekte kann sie abgeben? Welche To-dos kann sie abgeben? Welche Calls, Meetings nicht wahrnehmen/delegieren etc.? Keep it, share it, delegate it.

Wir sprechen darüber hinaus über Möglichkeiten, ihren täglichen Arbeitsablauf besser zu strukturieren – einen besseren Fokus zu generieren mit einem ganz praktischen Ergebnis: Auf einem Dashboard auf dem Schreibtisch (nicht im Computer) sortiert sie seitdem auf Karteikarten ihre To-dos nach einer bestimmten Struktur (Themen/Projekte/Aktuelles/hat Zeit/Termin etc.) und pflegt die schriftliche Übersicht täglich.

## In der Ruhe liegt die Kraft

Warum diese Erkenntnis und Lösung ihre Aufregung endlich signifikant minimiert hat, schrieb sie mir in ihrem Feedback:

»In dieser Session haben wir die Ursache für meine Blockade noch mal von einem ganz anderen Blickwinkel betrachtet. Es war sehr spannend, diesen Strudel, in dem ich mich jeden Tag befinde, mal aus der Vogelperspektive zu sehen, und dass ich jeden Tag einfach nur reagiere und den Themen hinterherhetze. Am Ende eines Tages kommt es mir zwar so vor, als hätte ich viel erledigt bzw. an vielen Themen gearbeitet, aber doch sind oft nicht die To-dos erledigt, die man sich eigentlich vorgenommen hat (wie ein Käfer, der auf dem Rücken liegt). Das hinterlässt ein nervöses Gefühl und die Unsicherheit, nicht tief genug in den Themen zu sein, um sie souverän vortragen zu können. Die Ruhe und der Fokus fehlen mir, um in Momenten, in denen es darauf ankommt, zu performen.

Um eine bessere Struktur in meinen Arbeitsalltag und meine Projekte zu bekommen, muss ich zudem anfangen, die Zeitfresser zu eruieren und diese auch zu visualisieren. So kann ich mich leichter von Aufgaben, die nicht in mein Aufgabengebiet fallen, abgrenzen und dies auch direkt nach oben kommunizieren. Ich habe bereits angefangen, täglich Themen runterzuschreiben, mit denen ich mich beschäftige, um diese dann bis Ende des Jahres zu visualisieren und in die verschiedenen Raster zu sortieren.

Darüber hinaus habe ich mir für jeden Tag eine To-do-Liste erstellt, mit dem Ziel, diese am Ende des Tages abgearbeitet zu haben, und Blöcke in meinen Kalender gesetzt, um auch Zeit dafür zu schaffen und nicht in einer Terminflut zu landen.«

Neben dem eigentlichen Ziel »Gelassenheit im Auftritt« und der so neu gewonnenen Souveränität führte das Coaching zu einem deutlich besseren Time-Management für meine Klientin.

# Kapitel 35
# Das Desaster der virtuellen Kommunikation

Homeoffice. Unendlich viele Calls an einem Tag. Von einer Online-Konferenz zur anderen. Multitasking auf allen Ebenen. Handy an, WhatsApp checken, Online-Konferenz, E-Mails lesen, Antwort schreiben. Nicht mal Zeit fürs »Pinkeln«. Willkommen im »new normal«. Das Gehirn wird dauerbeschallt. Alltag in vielen Firmen – Homeoffice-Alltag der Mitarbeiter.

## Homeoffice – Fluch und Segen gleichermaßen

Die Dauerbeschallung führt zu immer kürzeren Aufmerksamkeitsspannen als in Präsenzmeetings. Studien belegen, dass virtuelle Botschaften 18-mal (in Worten: achtzehn) wiederholt werden müssen, wenn man sichergehen will, dass der Inhalt auch tatsächlich angekommen ist, weil das Gegenüber nicht zugehört hat – versunken im Multitasking. Das Missachten der Spielregeln der virtuellen Kommunikation führt häufig zu Missverständnissen. Die Konzentration lässt nach, vieles, was gesagt wird, wird nicht gehört, und hinterher heißt es: »Das habe ich nicht gewusst.« Um die Konzentration optimal zu unterstützen, gilt es, neben wichtigen Kommunikationsregeln auch formale Aspekte zu berücksichtigen.

So ist es z. B. wichtig, vor einem Meeting den Kanal sorgsam auszuwählen. Treffen wir uns mit Kamera oder ohne? Oder greife ich – z. B. bei einem eher informellen Gespräch – lieber auch mal wieder zum Hörer? Auch die Länge der Meetings sollte an die verkürzte Aufmerksamkeitsspanne angepasst werden: lieber kurze Meetings, dafür eine höhere Frequenz. Wichtig ist auch eine gute Planung im Vorfeld – sowohl auf der rein formalen Ebene, immer eine klare Agenda mit Zielsetzung zu versenden, als auch auf der psychosozialen Ebene: Wie gelingt es, die Gesprächspartner aktiv und menschlich abzuholen?

## Psycho-Hygiene – Kopfwäsche für die Seele

Emotionale Intelligenz ist mehr denn je gefragt. Zur Stärkung der psychosozialen Beziehungen hat sich ein regelmäßiger Check-in und Check-out von fünf Minuten sehr bewährt. Diesen Check-in sollte man zum einen zeitlich einplanen und zum anderen inhaltlich gut vorbereiten. Check-in-Fragen sind ein Ersatz für den informellen Austausch, der vor einem Präsenzmeeting normal ist, und haben die Aufgabe, für eine entspannte Stimmung zu sorgen. Je entspannter das Gehirn, desto kreativer und desto besser kann jeder sein volles Potenzial abrufen.

Führungskräfte unterschätzen die Notwendigkeit einer entspannten Haltung ihrer Mitarbeiter häufig. Wer unter Druck steht, seine Sorgen für sich behalten muss, der agiert im Angstmodus. Wer im Angstmodus agiert, hat wiederum nur drei Verhaltensalternativen: »Freeze – Fight – Flight«. Schon ein fünf-minütiger Check-in kann dazu beitragen, für Entspannung zu sorgen, mit den entsprechenden positiven Folgen. Mögliche Check-in-Fragen sind:

- **Worauf freust du dich nächste Woche am meisten?**
- **Welches Emoji beschreibt deine Stimmung gerade am besten?**
- **Was hat dich in der letzten Zeit inspiriert?**

Der Fantasie sind hier keine Grenzen gesetzt. Und wer den Check-in ausdehnen möchte, der kann auch ein sogenanntes Speeddating zu Beginn machen und die Mitarbeiter in zufällige Break-out-Sessions schicken mit einer inspirierenden Frage, z. B.: Welchen Titel hätte das

Buch, das dein Leben beschreibt? Oder: Welche Begabung, welche Fähigkeit möchtest du haben, und warum?

Die Kernbotschaft, um Missverständnisse zu vermeiden, lautet: Der Mensch steht im Mittelpunkt (und nicht das kleine Fenster am Computer). Man kann hierzu regelmäßig Dialogräume anbieten, in denen Mitarbeiter sich zehn Minuten vor einem Meeting zum informellen Austausch einloggen können oder Lead- und Lerngruppen bilden für den Austausch in kleinen, organisierten Gruppen oder bspw. »Working out Loud« zur Verfügung stellen. Der Kreativität sind keine Grenzen gesetzt. Es geht um das »Schmiermittel« zwischen den Menschen. Dies erleichtert den Übergang zum »Business« und hilft, auch im beruflichen Umfeld mehr voneinander zu erfahren: Wie geht es uns miteinander? Gibt es Themen, die anstehen? Gibt es Schwierigkeiten? Wie war das heute für dich?

Wenn man die Besonderheit in der virtuellen Kommunikation beachtet, vermeidet man Missverständnisse, und aus dem drohenden Desaster kann ein realistischer Glücksfall werden.

# Kapitel 36
# Die Selbstbewusstseinsfalle

Immer öfter wurde Klaus T. – Vorstand einer großen Private-Equity-Firma – von seinen Board-Kollegen für sein »pampiges«, fast schon ungehobeltes Verhalten kritisiert, das er nicht nur im kleinen Vorstandskreis zeigte, sondern auch bei Kunden. Die häufige Kritik machte ihm – dem erfolgsverwöhnten Macher – sehr zu schaffen und baute in ihm zunehmend bisher unbekannte Versagensängste auf. Er hatte zudem zunehmend Angst vor Ablehnung und Misserfolg.

Darüber hinaus spiegelte ihm ein Kollege im Feedback-Gespräch, er sei häufig unkonzentriert, kritisiere Mitarbeiter ungerechtfertigt und wäre unfähig zu delegieren. Eine geballte Ladung Kritik – ohnehin schon harte Kost – fühlte sich für einen Perfektionisten wie ihn doppelt schwierig an. Nachdem die Kritik an ihm von außen immer deutlicher wurde, entschloss er sich, zu mir ins Coaching zu kommen.

Sein »Eye-Opener« nach der 30-minütigen Insight-Session, die immer am Beginn einer möglichen Zusammenarbeit mit mir steht, war: »Ich glaube, ich stecke in einer Selbstbewusstseinskrise – auch wenn das schräg klingt in meinen Ohren. Ich, der erfolgreiche Manager, der lautstarke Macher – kein Selbstbewusstsein? Geht jetzt gar nicht.«

## Manager und Macher – Mangel an Selbstbewusstsein?

Doch gerade erfolgreiche Manager und lautstarke Macher schlittern oft unbemerkt in eine Selbstbewusstseinskrise und kommen der Ursache für ihr zunehmend problematisches Verhalten oft erst spät (manche auch nie) auf die Spur – auch weil sie wahre Verdrängungskünstler sind. Wie passt das zusammen: erfolgreicher Manager und lautstarker Macher auf der einen Seite – mangelndes Selbstbewusstsein auf der anderen Seite, und was hat das mit seinem »pampigen« Verhalten zu tun?

Mangelnder Glaube, Angst vor Blamage und ein zu geringes Vertrauen in uns selbst werden durch eine Reihe von Verhaltensweisen sichtbar:

- vergessen, was wir sagen
- stottern oder über Wörter stolpern (viele Ähms und Mhms)
- alberne, unangemessene oder unfreundliche Dinge sagen
- zu schnell, zu leise oder nuschelnd sprechen
- uns selbst/andere offen verunglimpfen oder herabwürdigen oder dies von anderen zulassen
- Teilnahme an Aktivitäten, die gegen unsere Werte oder Ethik verstoßen
- mangelndes Selbstvertrauen durch Alkohol oder Drogen kompensieren
- zu lautes Reden oder Überreden – den anderen nicht zu Wort kommen lassen
- nicht richtig zuhören
- starr an unseren Ansichten festhalten und beweisen müssen, dass wir recht haben
- nervöse Gesten: mit Dingen – Stiften, Papieren, Haare etc. – »spielen«
- Nachlässigkeit
- Kontrollsucht, mangelndes Vertrauen: Überprüfen und erneutes Überprüfen der Arbeit, um sich zu vergewissern
- Workaholic: sich immer mehr Arbeit aufhalsen

Diese Verhaltensweisen und Selbstbeurteilungen verdichten sich oft zu Teufelskreisen.

Klaus T. zeichnete seinen Teufelskreis im Coaching auf das elektronische Flipchart: »Ich stolpere über meine Worte – spüre ein Gefühl der Scham, das ist mir mega-peinlich, ich werde manchmal sogar rot, fange an zu schwitzen und denke, dass jeder mich als inkompetent beurteilt – das macht mich unsicher, und dann werde ich oft ungerecht oder reagiere abweisend.«

Ein typischer Teufelskreis, der v. a. dann entsteht, wenn man nicht resilient ist. Resiliente Menschen können auch in schwierigen Situationen aus »Zitronen Limonade machen«, doch je stärker wir unter Druck sind und je weniger resilient, desto mehr übernimmt unser Angstsystem das Sagen. Wir verfallen dann entweder in den Fight-Modus, d. h. wir reagieren z. B. arrogant, beklagen uns oder attackieren unser Gegenüber (u. v. m.) oder der Flight-Modus übernimmt: Wir ziehen uns zurück, resignieren oder »ergötzen« uns in Selbstsabotage.

Klaus T. fand über die Teufelskreisübung heraus, dass er in eine Selbstbewusstseinsfalle getappt war und in seinem Teufelskreis feststeckte: Nach zwei verpatzten Deals hintereinander hatte er schleichend begonnen, sich das Schlimmste über sich selbst und andere einzureden – dadurch Selbstvertrauen verloren –, jetzt fühlte er sich plötzlich ängstlich, verletzlich und hilflos. Gefühle, die er sich bis dahin noch nie eingestanden hatte. Im Coaching entwickelte er eine Lösungsstrategie – raus aus dem Teufelskreis.

## Manager und Macher – mit Mut zurück »nach oben«

Im ersten Schritt trainierte er dazu sein Selbstbewusstsein. Er lernte, sich seiner selbst bewusst zu sein, Verhaltensmuster zu erkennen, Wahlmöglichkeiten auszuloten und so die Macht über das eigene Verhalten Schritt für Schritt zurückzugewinnen, anstatt sich von äußeren Triggern leiten zu lassen.

Das vornehmliche Ziel in solchen Situationen ist die Befreiung von Abhängigkeiten – äußeren wie inneren. Auch Klaus T. ist diesen zum Teil durchaus beschwerlichen Weg gegangen und bekommt inzwischen von seinem Umfeld den verdienten »Lohn« in Form von positivem Feedback: sein verändertes Verhalten, sein zurückgewonnenes Selbstvertrauen sind sicht- und positiv spürbar.

# Kapitel 37
# Dialog an der Spitze: Ein Direktor, sein Vorstand und das Jahr der Veränderung

Der Eigentümer eines mittelständischen Unternehmens aus der Pharmabranche hatte zum Gespräch gebeten: Markus, Geschäftsführer des Unternehmens und mich – als sein Coach. Das sogenannte Dreiecks-Gespräch sollte Reflexion und Ausblick verbinden als Abschluss nach einer einjährigen Coachingreise, die begonnen hatte, als Markus an einem Wendepunkt stand. Unsere Zusammenarbeit zielte darauf ab, seine Führungskompetenzen zu schärfen und eine Strategie zu entwickeln, mit der er die Unternehmenswerte zum Leben erwecken konnte. ›Walk your talk‹ war sein klar definiertes Ziel. ›Ich will nicht nur von Verbindlichkeit reden – ich will sie tagtäglich mit meinem Handeln vorleben.‹

## Rückblick: Ein Jahr der Transformation

Durch das Coaching zur Selbsterkenntnis: »Bevor ich auf die konkreten Ergebnisse des Coachings eingehe, möchte ich drei zentrale Methoden hervorheben, die sich für mich als besonders wirkungsvoll erwiesen haben«, eröffnete Markus das Treffen. Diese Methoden haben sich als Säulen meines Führungsstils herauskristallisiert, die nicht nur mein eigenes Handeln, sondern auch unsere Unternehmenskultur maßgeblich positiv beeinflusst haben.

1. Das **Vier-Quadrantenmodell** hat meinen Führungsstil stark ins Positive verändert. Durch das Coaching habe ich erkannt, dass es in der Kommunikation nicht nur um das geht, was offensichtlich

ist – die Worte und Handlungen, die jeder wahrnehmen kann. Es gibt auch eine verborgene Ebene, die unsere inneren Vorgänge wie Gefühle, Bedürfnisse und Ängste umfasst. Diese Ebene betrifft sowohl mich als auch die Menschen, mit denen ich spreche. Ich habe gelernt, in wichtigen Gesprächen auch diese persönlichen Aspekte offenzulegen und ehrlich über meine eigenen Bedürfnisse zu sprechen. Dieser Ansatz der offenen Kommunikation hat sich als sehr wertvolles Werkzeug erwiesen.
2. Das **Trust-Modell** – Ich habe gelernt, regelmäßig Trust-Momente zu schaffen mit meinem Team und mit jedem Einzelnen. Dahinter steckt vor allem folgender Gedanke: Walk your talk. In der Praxis habe ich die Routine entwickelt, persönliche und berufliche Werte nicht nur zu verbalisieren, sondern diese auch durch konkretes Handeln aktiv zu demonstrieren. So gelingt es mir seitdem immer besser, Integrität und Glaubwürdigkeit zu fördern. Das schaffe ich, indem ich sicherstelle, dass mein Verhalten konsistent mit den ausgesprochenen Überzeugungen und Versprechen ist.
3. Der wöchentliche **Reflexionsprozess ›Action-Reflection‹** hat mir wertvolle Möglichkeiten eröffnet, mein eigenes Tun und Handeln intensiv zu reflektieren. Ich habe gelernt, meine Erfolge und Herausforderungen konsequent zu hinterfragen, den kritischen Dialog mit mir selbst zu suchen und offen nach Feedback zu fragen. Dieser Reflexionsprozess hat mir enorm bei meiner persönlichen und beruflichen Entwicklung geholfen.

*Der Wendepunkt für Markus*

Ein absoluter Gamechanger war für Markus darüber hinaus der LINC Personality Profiler.

»Es war, als würde ich die verborgenen Teile meines Selbst entdecken«, reflektierte er im Gespräch. »Innerhalb von nur einer Stunde wurde ein Großteil meiner Persönlichkeit in einem detaillierten Profil abgebildet, das mir eine neue, starke Grundlage für Selbstreflexion bot. Mir wurde u.a. bewusst, wie hoch mein Aktivitätsniveau ist und dass ich lernen muss, Pausen einzulegen. Das führt dazu, dass ich mein Team seitdem besser mitnehme, statt es zu überfordern, und mir selbst Momente des Durchatmens zu gönnen. Ich habe erkannt, dass Struktur nicht jeden Tag neu gedacht werden muss, sondern klar und beständig sein sollte. Nur so gelingt ›Walk your talk‹. Meine hohe Sensibilität und Empathie, oft gepaart mit meinem geringen Selbstwertgefühl, machen mich anfällig für negative Kommentare und Energie. Auch das war eine wichtige Erkenntnis aus dem LPP für mich.«

Jetzt, da Markus diese Aspekte seiner Persönlichkeit besser versteht, bemüht er sich, solche Negativität nicht zu persönlich zu nehmen, auch wenn es eine Herausforderung bleibt.

»Zudem habe ich durch die LPP-Analyse erkannt, dass meine Innenorientierung besondere Aufmerksamkeit erfordert. Ich habe mir fest vorgenommen, bewusst und regelmäßig mit meinem Team zu kommunizieren – statt alles mit mir selbst auszumachen! Auch über das Offensichtliche hinaus. So möchte ich Klarheit und Verbindlichkeit gewährleisten«, beendete Markus seine Analyse des einjährigen Coachings.

### *Die Perspektive des Vorstands*

Der Vorstand, als Sponsor des Coachings, brachte ebenfalls seine Sichtweise ein. Er lobte Markus für seine gelungene Integration ins Direktorenteam und die nahtlose Übernahme von Verantwortung. Er ermutigte Markus, seine Führungsfähigkeiten in neue Bereiche einzubringen, insbesondere in unternehmensweite, strategische Projekte.

»Deine Offenheit und das Vertrauen, das du jetzt ausstrahlst, haben deine Führungskultur maßgeblich nach vorn gebracht. Du suchst jetzt bewusst den Augenkontakt und vermittelst ein Gefühl des Verstandenwerdens, was das Vertrauen innerhalb deines Teams stärkt. Es ist beeindruckend, wie du andere aktiv einbeziehst und bei Herausforderungen unterstützend eingreifst. Das ist nicht selbstverständlich und stärkt das Vertrauen in deine Führungskompetenz. Deine erfolgreiche Zusammenarbeit mit dem Team, trotz komplexer

Herausforderungen, zeugt von deinem hohen Anspruch an dich selbst und trägt entscheidend zu deiner professionellen Arbeit bei.«

Außerdem teilte der Vorstand einen Wunsch: Markus sollte seine persönliche, unverstellte Art auch stärker in seine schriftliche Kommunikation einfließen lassen. Dadurch sollte er seine authentische Führungspersönlichkeit vollends zum Ausdruck bringen.

## Fazit: Vorwärts in die Zukunft

Das Dreiecks-Gespräch war mehr als nur ein Abschluss; es war eine Wertschätzung des Erreichten und gleichzeitig ein Sprungbrett in die Zukunft. Markus hat nicht nur sein Repertoire an Führungsinstrumenten erweitert, sondern auch ein tiefes Verständnis für seine eigene Führungspersönlichkeit entwickelt. Er steht nun bereit, seine neue Rolle als inspirierender Leader zu leben, gestärkt durch die Erkenntnisse des Coachings und das Vertrauen seines Vorstands.

Dieses Gespräch war ein Zeugnis für die Macht der Reflexion und des offenen Austauschs – ein Schlüsselmoment auf Markus' Weg zu einer Führungskraft, die nicht nur leitet, sondern die Herzen und Köpfe ihres Teams gewinnt.

# Kapitel 38
# Laut, lauter, am lautesten – werden Sie tatsächlich nur so gehört?

»Ich habe gerade ein Déjà-vu. Es ist unfassbar. Schon wieder hänge ich in einer politischen Gemengelage. Schon wieder werde ich ewig beschossen. Das war schon so auf meinen letzten beiden Positionen als Partner einer Wirtschaftsprüfungsgesellschaft – das ist jetzt wieder so. Ich habe das Gefühl, nur die am lautesten schreien, werden gehört. Ich bin aber nicht der Marktschreier – ich bin einfach zu leise. Bin eher ruhig, höre mir die Dinge an, und dann mache ich meine Punkte. Alle sind nur mit sich selbst beschäftigt – können nicht führen –, vertrauen nicht. Ich glaube, dass es richtig ist, wie ich es mache.«

## Der Ton macht die Musik

Die Karten liegen auf dem (Coaching-)Tisch. Wir starten mit dem Thema: »Ich bin zu leise.«

»Wenn Sie ›zu leise‹ in der Musik beschreiben sollten – welche Assoziationen fallen Ihnen spontan ein?«

Tobias R. denkt nach und fragt: »Na ja, zu leise ist zu leise – was soll man daran ändern? Höchstens lauter werden, und das will ich ja nicht!«

»Okay – lauter werden – wie gelingt es, dass z. B. ein Musikstück, das Sie gerade hören, lauter – oder besser gehört – wird?«

»Mit dem Lautstärkeregler …«

Nach 15 Minuten hatte er viele Perspektiven zum Thema »leise« gefunden. Auf den Karten stand: »Lautstärkeregler, Rockmusik, klassische Musik, Balladen, Andante, Piano, Pianissimo, Forte, Fortissimo u. v. m.«

Tobias R. wurde klar, dass »leise« v. a. in der Musik Aufmerksamkeit erfordert.

In klassischen Konzerten lauschen die Zuhörer auch einem Pianissimo – genauso wie dem Fortissimo. Die Qualität von Musik ist unabhängig von der Lautstärke. In einem voll besetzten Konzertsaal kann man eine Stecknadel fallen hören, und jeder lauscht dem Pianissimo mit voller Aufmerksamkeit. Jeder Mensch hat die Möglichkeit, auch mit leisen Tönen zu punkten. Entscheidend ist die innere Souveränität und nicht die äußere Tonalität.

Zur Entdeckung seiner inneren Souveränität vereinbarten wir, im nächsten Schritt seine Charaktereigenschaften sichtbar zu machen. »Leise« Menschen mit einer hohen *Introversion* können gleichwohl eine hohe Ausprägung in der Facette *Dominanz* haben und dazu neigen, Führungspositionen anzustreben, wie Tobias R. Zu wissen, dass *Dominanz* ein Teil von ihm ist, kann ein großer Booster für die persönliche Souveränität sein. Das Wissen über die eigenen Coping-Strategien und Charakterstile kann helfen, vergangene Verhaltensweisen (ob erfolgreich oder nicht) besser einzuordnen und daraus konkrete Schlüsse für die derzeitige Situation zu ziehen.

Darüber hinaus entwickelten wir im Coaching auf der Basis dieser Erkenntnisse individuell zu seiner Persönlichkeit passende Handlungsstrategien, um auch mit leisen Tönen gehört zu werden.

Die Erkenntnis, dass leise Töne gehört werden, war nur der erste Schritt für Tobias R. Der Erfolg kam dann durch Handeln. Er reflektierte täglich zwei Minuten – mit dem Fokus auf seine »Lautstärke«:

- **Action:** Was habe ich heute Neues ausprobiert?
  *»Meinen neuen persönlichen Lautstärke- und Aufmerksamkeitsregler.«*
- **Reflection:**
  Wie ist das gelaufen?
  *»Wenn ich bewusst leise gesprochen habe und mit meiner Gestik und Mimik Zuhören eingefordert habe, hat das tatsächlich gewirkt.«*

Was ist das Nützlichste, was ich heute gelernt habe?
*»Dass ich selbst Einfluss auf die Lautstärke habe und auch auf die Wirkung.«*

- **Action:** Welche eine Sache werde ich morgen tun, um meine Komfortzone auszudehnen?
*»Ein Konfliktgespräch, das ansteht, bewusst mit einer kraftvollen und dennoch Piano-Stimme führen.«*

Sein jahrelanges, leises »Leiden« aus einer neuen Perspektive zu betrachten, war für Tobias R. der »Eye-Opener«. Vor dem Coaching-Prozess hatte er »leise« gleichgesetzt mit nicht hörbar. Durch das Coaching erkannte er, dass »Leisesein« viele Perspektiven beinhaltet, die ihn in die Lage versetzen, jederzeit Gehör zu finden.

# Kapitel 39
# Hamsterräder

Workaholic – das Hamsterrad dreht sich unaufhörlich – zu hohe Komplexität. Ich musste fast selbst nach Luft schnappen, als mein Klient seine aktuelle Situation schilderte.

»Das alles mündet in schlaflosen Nächten und mittlerweile Panikattacken«, gab er bereitwillig zu. »Tagsüber gerate ich inzwischen immer öfter in negative Gedankenschleifen. Jetzt hat mir mein ehemaliger Coach empfohlen: ›Think positive.‹ Doch das gelingt mir nicht. Haben Sie eine Lösung?«

»Wann haben Sie das letzte Mal richtig entspannt? Ausgiebig Urlaub gemacht?«, frage ich ihn.

»Das liegt ca. vier Jahre zurück. Ich verantworte ein Start-up – da bin ich auch im Urlaub gefragt –, immer online und erreichbar. Das macht mir auch Spaß!«

## Mach mal Pause

Im Folgenden schildere ich, was ich diesem Vorstand eines Start-ups in der Session mit auf den Weg gegeben habe:

»Was Sie dringend brauchen, sind Erholungsphasen. Die neuere Forschung hat einen signifikanten Zusammenhang zwischen Stress und Erkrankungen festgestellt. Stress ist Einflussfaktor Nummer eins. Grundsätzlich ist unser Nervensystem entweder entspannt oder in Aktion. Es ist egal, was Sie denken, inhaltlich unterscheidet das Gehirn nicht zwischen positiven oder negativen Gedanken. Wichtig ist, dass wir lernen, die negativen Gedanken auszuhalten und sie nicht überzubewerten, uns nicht hineinzusteigern bis zur Panikattacke. Das passiert z. B., wenn wir unsere Gedanken und Inhalte völlig zerlegen und uns dann in den Stresskreislauf hineinreden und -denken. Damit das nicht passiert, brauchen wir Erholungsphasen.«

Der Ansatz der Positiven Psychologie ist hier einerseits sehr hilfreich – andererseits schürt er eine sehr hohe Erwartungshaltung: Du darfst das Negative nicht denken! Das ist eine große Herausforderung und wird damit für sich selbst zum Stressfaktor. Niemand kann sich selbst anlügen. Wenn ich für eine Prüfung nicht gelernt habe und daraufhin Angstgefühle entwickele, es nicht zu schaffen, hilft das positive Denken gar nichts.

Hier ist die Erwartungshaltung viel zu hoch, dass wir uns die Dinge »einfach« schön und richtig vorstellen – das ist ein großer Trugschluss und damit grundsätzlich kein gutes Management für negative Gedanken.

## Etwas mehr Katze bitte

Unser Gehirn funktioniert immer über das Stresssystem – egal, ob positiv oder negativ. Entscheidend ist, welchem Gedanken Sie ganz bewusst Priorität geben und in was Sie sich hineinsteigern. Sobald Sie sich auf das Negative fokussieren, wird im Gehirn Ihr Stresskreislauf aktiviert. Sobald Sie loslassen, kann das Entspannungssystem übernehmen. Menschen mit einem hohen Anspannungsniveau (laut LPP), die sich aufgrund von wenigen Informationen schon große Sorgen machen, können ein Lied davon singen!

Lassen Sie mich dazu folgende Analogie aus dem Tierreich erzählen: Eine Katze wird von einem Hund bedroht, die Katze faucht den Hund an – das ist ihre Überlebensstressreaktion –, der Hund bellt zurück. Fünf Minuten später ist der Konflikt vorbei. Was macht die Katze? Sie denkt nicht: Ich muss auf der Lauer liegen, der Hund könnte wieder kommen! Nein – die Katze legt sich nach der Auseinandersetzung entspannt in die Sonne. Diese Situation verdeutlicht, was im Stresskreislauf passiert. Die Katze zerlegt nicht alles in Einzelheiten – was ist, wenn der Hund wiederkommt? Stattdessen ist sie direkt im Anschluss tiefenentspannt. Sie denkt über das Ganze nicht mehr nach.

So ist das Stresssystem angelegt: Wenn Bedrohung da ist, muss es funktionieren. Das ist auch beim Menschen noch heute so. Wenn wir einen Konflikt haben – der Partner oder der Kollege kritisiert uns, oder eine geschäftliche Situation ist problematisch (z. B. die Energiepreise explodieren, die Lieferkette ist unterbrochen, der Krankenstand ist extrem hoch) –, dann springt automatisch Ihr Stresssystem an. Die Bedrohungen sind vergleichbar mit dem Angriff des Hundes. Anders als die Katze erholen wir uns, nachdem wir die Bedrohung analysiert und bearbeitet haben, aber nicht bis zur nächsten Situation. Stattdessen gehen wir weiter in den Konflikt bzw. suchen permanent weiter nach Lösungen.

Darüber hinaus ist unser Gehirn in einer solchen Situation immer superkreativ. Wir können aus der kleinsten Situation im Kopf das größte Horrorszenario entwickeln.

Ein wichtiger Aspekt der Lösung: Gefühl zulassen und akzeptieren, annehmen, wie es ist. Damit senden wir das erste Beruhigungssignal an unser Nervensystem.

## Auch den Parasympathikus mal ranlassen

Der Alarm im Gehirn wird durch den Sympathikus ausgelöst. Der ist im Gehirn dafür zuständig, dass Sie achtsam sind, wenn Sie über die Straße gehen und bei Gefahr zurückspringen – das macht das System von selbst. Es mobilisiert in der Gefahrensituation alles automatisch.

Demgegenüber steht das körpereigene Entspannungssystem – der Parasympathikus. Der versetzt uns – theoretisch genauso automatisch – in den entspannten Zustand. So zumindest die Idee der Natur – siehe Katze. Wenn wir aber gedanklich an der Negativspirale festhalten und die Horrorszenarien weiterspinnen, kann sich das System nicht beruhigen. Der Entspannungsnerv (Parasympathikus) wird nicht aktiviert. Das System meldet: Halt, hier droht wirklich Gefahr, du musst weiter achtgeben, dich schützen. Damit kommt das

Stresssignal zurück an unser emotionales Zentrum: Das könnte wirklich lebensbedrohlich sein. Die Folge ist, dass wir in der Anspannung bleiben – anders als die Katze.

## Entscheidung treffen

Wir Menschen haben beide Fähigkeiten: Wir können uns hineinsteigern oder auch entspannen. Anders als die Katze können wir das aktiv entscheiden – jedes einzige Mal. Dass unser emotionales Zentrum z. B. bei Kritik oder Problemen reagiert, geschieht automatisch. Dass dann ein Bedrohungsgefühl aufkommt, ist ein Automatismus, den wir nicht beeinflussen können.

Was Sie dagegen entscheiden können, ist, wie Sie mit der Situation umgehen. Fragen Sie sich: Gebe ich dem Gedanken/Gefühl jetzt Aufmerksamkeit, oder mache ich das nicht? Versuche ich in die Entspannung reinzugehen oder nicht? Sobald die Entscheidung getroffen ist, bringt sie der Parasympathikus automatisch in die Entspannung – entscheidend ist, dass Sie es zulassen. Der Sympathikus und Parasympathikus sind übrigens Antagonisten – es kann immer nur einer aktiv sein.

### *Gedanken neu bewerten*

Leichter gesagt als getan? Es gibt Techniken, die Sie dabei unterstützen, die Entscheidung für die Entspannung zu fällen. Eine Technik ist die Neubewertung der Gedanken. Grundsätzlich ist die Bewertung unseres Stresses die Ursache dafür, ob wir unter dem Stressfaktor (Konflikt, Problem, Angst etc.) leiden oder nicht. Der Stressfaktor an sich ist zunächst neutral, erst unsere Interpretation macht ihn für uns bedrohlich oder nicht. Durch Reflexion lassen sich Stresssituationen neu bewerten und dadurch transformieren.

## Neubewertung – Praktische Übung

Die beiden US-Executive-Trainer Bonnie St. John and Allen Haines schlagen einen pragmatischen Einstieg vor: Nehmen Sie eine Karte, auf der Sie den Reiz beziehungsweise die stressende Situation beschreiben. Anschließend drehen Sie die Karte um und beschreiben die Situation aus einer neuen Perspektive. Aus einer Energiekrise wird eine Chance für ein neues Geschäftsmodell. Aus einer Terminabsage entsteht vielleicht ein »Zeitdiamant«. Ein Konflikt beinhaltet die Möglichkeit zur Klärung wichtiger Themen etc. Diese einfache Übung kann die Dinge in ein neues Licht rücken und bei der Bewältigung von Stresssituationen helfen. Für komplexere Situationen und intensive Stressoren gibt es weitere Techniken – wie z. B. Atemtechniken.

Das Ziel der Neubewertung ist, auch negative Gefühle und Handlungen in einen Vorteil für Sie zu wandeln. Durch die Neubewertung ergeben sich neue Konsequenzen. An die Stelle von Selbstzweifeln und Ängsten treten Motivation und Mitgefühl. Ein einfacher Wechsel der Perspektive kann in kürzester Zeit die Überforderung in Zufriedenheit wandeln.

Mein Klient startete mit einem Zehn-Minuten-Auszeit-Hack und nannte es seinen »Pippi-Langstrumpf-Hack«. Astrid Lindgren legt der für ihre ungewöhnlichen Lebensformen bekannten jungen »Dame« folgende Worte in den Mund: »... und dann muss man ja auch noch Zeit haben, einfach dazusitzen und vor sich hin zu schauen.« Genau das tat er dreimal täglich. Dazu klebte er einen Zettel – Auszeit – an seine Bürotür, stellte für zehn Minuten alle elektronischen Geräte auf »Offline« und schaute aus dem Fenster.

Nach zwei Wochen war er so begeistert von der Wirkung, dass mich folgende Nachricht erreichte: »Liebe Frau Segschneider, es ist unfassbar, wie groß die Wirkung dieser kleinen Maßnahme ist. Nicht nur für mich persönlich. Auch mein Umfeld reagiert super positiv. Ich habe mein Team angesteckt, und ein Mitarbeiter hat jetzt sogar angeregt, ein ›Offside‹ zum Thema ›Auszeit‹ zu machen, indem wir insgesamt unsere ›Stresskultur‹ hinterfragen. Kleine Maßnahme – große Wirkung. Vielen Dank! Ich werde berichten.«

# Kapitel 40
# »Da oben wird die Luft dünn«

Nach vier Stunden Intensiv-Coaching schaute mich mein Coachee – Finanzvorstand eines Automobilzulieferers – an und sagte: »Wissen Sie, manche von den Ergebnissen, die wir heute im Coaching entwickelt haben, liegen aus Ihrer Sicht vielleicht auf der Hand. Die Lösungen sind – das sehe ich am Ende des Coachings immer wieder – ›eigentlich‹ einfach zu finden. Vorausgesetzt, man nimmt sich die Zeit und reflektiert. Nur mit wem? Früher habe ich mit meinen Kollegen gesprochen. Heute ist das anders. Mit wem soll ich reden? Da oben wird die Luft dünn.«

Also haben wir zunächst im Coaching »nur« geredet.

In seinem Pre-Coaching hatte er das erste Thema »vorgegeben«: »Umgang mit einer gewissen Frustration, bessere Resilienz – starke Belastung in den vergangenen Wochen«.

»Was genau meinen Sie mit ›gewisse Frustration‹?«, fragte ich ihn.

»Der Firmeneigentümer war in den vergangenen Wochen schwierig zu ›managen‹. Es hat sich für mich ungewöhnlich angefühlt, an so einen Punkt zu kommen, an dem ich total gestresst war. Das Gefühl kannte ich so nicht von mir. Viel extremer als z. B. vor vier Jahren – da habe ich ein Haus gebaut, meinen MBA gemacht, zusätzlich drei Direktorenstellen vertreten und war gerade Vorstand geworden. Diesmal war es anders – nicht mal die Wochenenden standen zur Verfügung. Die Themen haben sich geballt. Das Schlimmste jetzt ist der innerliche Ärger gegenüber dem Eigentümer.«

»Erzählen Sie mehr darüber«, bat ich ihn.

»Einerseits forderte er – entgegen meiner Vorstellung – klar ein, dass ich eine große Life-Präsentation für alle internationalen Kunden noch vor Weihnachten vorbereite und als Moderator umsetze – eine zeitintensive Arbeit. Das einzige Feedback, das ich dann bekam, war eine Nörgelei an einer Grafik. Nun bin ich unsicher: Ist sein Nicht-Äußern vielleicht versteckte Kritik?«

»Was wäre für Sie jetzt hilfreich? Was wäre ein guter Schritt?«

## Raus aus der Opferrolle

»Okay – während Sie fragen, wird es mir klar. Es ist genau das, was wir schon beim letzten Mal herausgearbeitet haben: Statt den Ärger seit Wochen in mich reinzufressen, muss ich die Situation bei ihm klar ansprechen! Meine Gedanken und Interessen klar kommunizieren. Ich fühle mich letztendlich nicht wertgeschätzt. Das tut weh. Statt in der Opferrolle zu verharren, muss ich auch meine Gefühle kommunizieren. Verstanden!«

Das war ein großer Coaching-Erfolg, dass er bereits mit der ersten Frage die Lösung parat hatte, die wir beim letzten Mal nach einem intensiven Coaching-Prozess herausgearbeitet hatten.

»Perfekt. Was könnte ein nächster Schritt sein? Was können Sie beim nächsten Mal anders machen? Wie können Sie reagieren – bevor das Kind in den Brunnen gefallen ist?«

Während er nachdenkt, sagt er laut vor sich hin – in einem sehr bestimmten, klaren Ton: »Aus meiner Sicht sprach alles dafür, die Präsentation erst im Februar zu machen. Meine Argumente waren definitiv überzeugend.«

»Haben Sie das genauso auch an Ihren Vorgesetzten kommuniziert? In diesem Ton? Mit dieser Klarheit und inneren Haltung? In diesem State‹?«, will ich von ihm wissen.

*Exkurs*

Das Thema »State-Control« kennen Sie aus Kapitel 22. Für diejenigen, die beim Reinschnuppern ins Buch eher zufällig hier gelandet sind, dies zur kurzen Erläuterung: Unter State versteht man die

Summe aller neurologischen, emotionalen Prozesse, die zu irgendeiner Zeit in einem Menschen entstehen. Oder einfach ausgedrückt – ein emotionaler State ist die Stimmung, in der Sie sind, in jedem einzelnen Moment. Der emotionale State ist das, was Menschen bewegt. Der State, in dem wir sind, betrifft nicht nur die Tatsache, wie wir uns fühlen. Er bestimmt ebenso unser Verhalten und unsere Fähigkeit, erfolgreich bzw. überzeugend zu handeln. Wer die Fähigkeit besitzt, den eigenen State zu verändern, kann machtvoll und unabhängig auch mit Krisensituationen umgehen.

## Den eigenen State finden

»Wiederholen Sie dieses Statement noch einmal«, bat ich ihn.

Er wiederholte sein Statement mehrfach – überzeugend – und spürte, dass sein State jetzt klarer wirkte. Seine Stimme, Haltung und sein Mindset konsequenter – anders als seine ursprüngliche Reaktion.

Sein Learning: Bevor er das nächste Mal in ein für ihn kritisches Gespräch geht, macht er sich das Ziel klar und trainiert seinen State – seine Stimme, seine Haltung, sein Mindset und den Inhalt. Ich empfehle ihm, sich beispielsweise von einem Freund challengen zu lassen. Ein Rollenspiel zu machen, bei dem der Freund in die Rolle des Chefs schlüpft und ihn herausfordert. Und dann heißt es: Üben, üben, üben, wiederholen, wiederholen, wiederholen – bis der neue State zum authentischen »habit« wird!

»Dass wir den Prozess noch einmal so klar und lösungsorientiert analysiert haben und vor allem die Aussicht, dass ich beim nächsten Mal besser performe, nimmt mir meinen Ärger und minimiert die Frustration, die sich nahezu aufgelöst hat! Super Coaching-Ergebnis!«

## Kapitel 41
# Glück und Erfolg – geht das überhaupt gleichzeitig?

Manchmal kommt es »dicke«, wie man im Volksmund sagt. So erging es auch meinem Klienten – Private-Equity-Partner einer großen US-Kanzlei. Er hatte zu hoch gepokert und war dabei, seinen Job als Equity-Partner zu verlieren. Zusätzlich geriet er in eine persönliche Krise aufgrund von Krankheit und familiären Belastungen. Seit Jahren war sein Fokus ausschließlich auf beruflichen Erfolg ausgerichtet. Das hatte ihn eine Ehe gekostet, viele Freundschaften, und jetzt war er dabei, auch noch seine Gesundheit aufs Spiel zu setzen.

Um seine Position als Equity-Partner trotz aller Belastungen zu behalten, hatte er sich entschieden, noch mehr zu arbeiten.

»Ich wollte das beste Umsatzergebnis meines Lebens machen – der Markt ist perfekt dafür. Gerade in meinem Business gibt es zurzeit Klagewellen, von denen ich profitiere.«

Das Ergebnis: Er wurde immer gestresster und gleichzeitig – nach seinen eigenen Worten – für sein Umfeld immer schwieriger.

»Was genau verbirgt sich hinter dem Wort ›schwieriger‹?«, wollte ich von ihm wissen.

»Wissen Sie, Frau Segschneider, ich habe immer wieder mit einem Coach gearbeitet und bin wirklich sehr selbstreflektiert. Das heißt aber leider noch lange nicht, dass ich eine Lösung für mich finde. So raste ich z. B. bei jeder Kleinigkeit aus, bin ungeduldig und merke selbst, wie ich immer wieder in eine Art ›Rechthabeschleife‹ gerate. Nur komme ich da nicht raus. Ich komme mir vor wie der Elefant im Porzellanladen. Was soll ich machen?«

»Okay, was passiert, wenn Sie als ›Elefant‹ in die Geschichte der Kanzlei eingehen?«, fragte ich ihn etwas provokativ.

»Das genau will ich ja nicht!«, entgegnete er spontan.

»Was wollen Sie stattdessen?«

»Ich will glücklich sein und erfolgreich!«

»Okay. Glück und Erfolg sind zwei voneinander unabhängige Variablen. Womit wollen Sie beginnen: Glück oder Erfolg?«

Glück vor Erfolg

Er schaute mich an. Es entstand eine lange Pause. Wir schwiegen mindestens zwei Minuten.

Dann sagte er: »Okay – das ist mal eine richtig schwere Entscheidung.«

Pause.

»Genau genommen ist es sonnenklar«, sagte er auf einmal. »Natürlich Glück!«

»Lassen Sie uns im ersten Schritt klären: Welche Veränderungen würden Ihr Leben glücklicher machen, unabhängig davon, ob Sie dadurch erfolgreicher werden?«

»Ich wurde im Laufe meines Lebens schon mit vielen Fragen herausgefordert – puh, diese Frage hat es in sich!«, war seine erste spontane Antwort. »Ich habe nicht nur die Probleme in meiner Kanzlei. Nach außen lebe ich die perfekte Geschichte: Zwei Kinder, die gut in der Schule sind – eine Ehefrau, um die mich jeder beneidet, und eine Kanzlei, in der fast jeder Jurist einmal in seinem Leben arbeiten möchte. Meine Dramen spielten sich im Hintergrund ab. Meine Ehe ist eigentlich zerrüttet – wir wollen aber zusammenbleiben wegen der Kinder. Glück ist in weiter Ferne.«

»Ihr persönliches Glück mag in weiter Ferne sein, aber es ist nicht unerreichbar. Der erste Schritt: weg von dem Klagen über Ihre schwierige Situation, auch wenn Sie als Anwalt mit Klagen grundsätzlich etwas Positives verbinden – hin zum Gestalten z. B. von Maßnahmen, die Sie glücklich machen. Wie die meisten Top-Leader, die ich betreue, haben Sie ein Problem.«

Ich machte eine Pause, damit mein Gedanke seine Wirkung entfalten konnte.

»Sie sind süchtig nach Leistung. Das bedeutet, dass Sie – wenn Sie sich nur auf Leistung konzentrieren – auf lange Sicht wahrscheinlich nicht glücklich werden können.« Ich fuhr fort, während er angespannt schwieg: »Tun Sie so, als wäre die Krise, in der Sie stecken, nie passiert. Sie sind auf dem Weg geblieben, auf dem Sie waren: Ihre Ehe ist glücklich wie zu Beginn, und Ihr zeitliches und finanzielles Investment in die Kanzlei hat sie zum besten Equity-Partner in der Firma gemacht. Ihr Erfolg wuchs in jedem Jahr und wird es auch in Zukunft.«

Seine Anspannung wurde weniger – er lächelte sogar, während ich eine glückliche Ehe beschrieb.

»Irgendwann – vielleicht Jahre später – haben Sie erkannt, dass Erfolg und Glück unabhängige Variablen sind. Die Konsequenz aus dieser Erkenntnis ist die Frage: Wie können Sie nicht nur ein erfolgreiches, sondern auch ein glückliches Leben aufbauen?«

Passend zu meiner Frage nannte ich ihm ein Zitat von Peter Drucker, dem US-Ökonom und Erfinder der modernen Managementlehre: »Der Zweck des Lebens ist es, einen positiven Unterschied zu machen, nicht zu beweisen, wie richtig oder klug wir sind.«

## Großmutter-Weisheit: Erfolg folgt dem Glück

Ich konnte förmlich fühlen, wie sehr ihn das Gespräch bewegte.

»Das erinnert mich an den Satz meiner Großmutter«, sagte er nachdenklich. »Sie hat immer gesagt: ›Vergiss nie. Nicht erfolgreiche Menschen sind glücklich, sondern glückliche Menschen sind erfolgreich.‹ Deshalb habe ich mich auf Ihre Frage – Glück oder Erfolg – eben auch fürs Glück entschieden. In meinem ganzen Umfeld fehlt es nicht an Erfolgen – es ist das Glück, das verloren geht über die Jahre. Nach zehn, 15 Jahren fangen die Scheidungen an. Vorher haben wir Hochzeiten gefeiert – jetzt treffen wir uns zu Trennungsgesprächen. Viele sind nur oberflächlich glücklich. Woran liegt das? Das habe ich mich schon oft gefragt.«

»Das ist der Klassiker«, antworte ich ihm. »Gerade erfolgreiche Menschen priorisieren kurzfristige Handlungserfolge vor längerfristigen Investitionen in Ziele, die anzustreben ihnen eigentlich sinnvoll erscheint. Sie stecken ihre Energie in Aktivitäten, die den unmittelbarsten Beweis für Erfolg liefern. Aktivitäten wie das Investment in eine ›sinnvolle‹ Beziehung oder die ›sinnvolle‹ Erziehung der Kinder bieten oft keine unmittelbaren Vorteile – also konzentrieren sich die Menschen auf den schnellen Erfolg. In Ihrem Fall: eine Klageschrift fertigstellen, den Posteingang auf null bringen, die dringenden Themen des Tages erledigen etc. Was könnte ein erster Schritt sein, der Sie hinführt, zum Glück? Wie ein ›minimum viable product‹?«

Er strahlte plötzlich und sagte spontan: »Meine Frau und ich haben gerade ein Buch geschenkt bekommen: ›Eure gemeinsame Bucketlist‹. Wir könnten ein Wochenende wegfahren und die Bucketlist gemeinsam ausfüllen. Da machen wir uns automatisch Gedanken, die längerfristig sind. Das fühlt sich gerade richtig gut an. Damit sind zwar noch nicht meine Probleme in der Kanzlei gelöst, aber es ist ein erster Schritt – was meinen Sie?«

Mein Klient war top motiviert und bereit, auch im Coaching den nächsten Schritt zu gehen und tiefer in sein Persönlichkeitsprofil einzusteigen. Er buchte nach dieser ersten Session mein Jahres-Coaching Transformational-Leadership-Programm … und das Wochenende für sich und seine Frau.

Schon Konfuzius sagte: »Auch der weiteste Weg beginnt mit einem ersten Schritt.«

# Kapitel 42
# »Hinter jedem Nein muss ein glühendes Ja stehen!«

Michael M. ist CEO von einem Start-up mit aktuell 25 Mitarbeitern und einer hohen Dynamik.

»Meine Kreativität und meine Arbeitsmoral sind die Schlüsselfaktoren für unseren Erfolg. Ich treibe die Firma permanent voran. Gleichzeitig fühle ich mich schon länger komplett ausgebrannt, merke, dass ich immer öfter auch Fehlentscheidungen treffe, und frage mich jetzt: Bin ich überhaupt ein guter CEO? Als ›Role Model‹ jedenfalls tauge ich im Moment nichts mehr.«

»Es ist sehr ungewöhnlich, dass ein Manager in Ihrer Position sich selbst infrage stellt. Das allein hat schon ›Role Model‹-Qualität«, beginne ich das Gespräch. »Erzählen Sie mir mehr über die aktuelle Situation.«

»Ich bin mir sicher, dass es Burn-out ist. Ich bin zudem frustriert über den Kreislauf des Wahnsinns, in dem ich ständig gefangen bin. Das führt mich immer wieder zu dem Punkt, an dem ich denke: Weißt du was, vielleicht ist das einfach nichts für dich. Und vielleicht sollte ich mich einfach wieder mehr den Themen zuwenden, von denen ich wirklich etwas verstehe, der IT. Bin ja ursprünglich Informatiker.«

## Der schmale Grat – gesunde kritische Selbstreflexion oder doch schon Burn-out?

Symptome eines Burn-outs gehen häufig damit einher, dass man seine Lebensentscheidungen infrage stellt. Und an diesem Punkt befindet sich Michael M. in diesem Moment. Möchte er überhaupt eine Führungspersönlichkeit sein? Und wenn ja, wie kann er führen, ohne sich ständig ausgebrannt zu fühlen? Und weil jeder von uns die Selbstzweifel anders erlebt, ist es wichtig, dass wir herausarbeiten, wie es bei ihm aussieht. Damit beginnen wir also die Analyse.

»Ich möchte ein besseres Verständnis dafür bekommen, wie sich die Erschöpfung für Sie anfühlt. Wenn ich mich in Ihre Welt hineinversetze, wie fühlt es sich an, wenn Sie glauben, kurz vor einem Burn-out zu stehen oder sich bereits im Burn-out-Modus zu befinden?«

»Es ist diese ständige Erschöpfung und das Gefühl, dass es das nicht wert ist. Ich setze so viele unterschiedliche Prioritäten, und ich frage mich ständig: Was kann ich aufgeben? Was kann ich fallen lassen? Vor Kurzem hat mir jemand gesagt: ›Warum sagst du nicht einfach Nein? Probiere einfach mal aus, Nein zu sagen, und beobachte, was sich dann bei dir verändert.‹«

»Was hat das mit Ihnen gemacht, einfach Nein zu sagen?«

»Um ehrlich zu sein, zögere ich, Nein zu sagen. Ich habe Angst, weniger Anerkennung zu bekommen und weniger Einfluss zu haben. Gleichzeitig ist es genau das, was ich will, denn ich habe das Gefühl, es ist zu viel. Ich habe also im Moment diesen inneren Konflikt mit mir selbst. Verstehen Sie, was ich meine?«

»Absolut. Ich denke, eine der Fragen, über die Sie sich klar werden müssen, ist, was Sie wirklich wollen. Denn ich denke, dass diese Spannung, dieser innere Konflikt, den Sie verspüren, ein bisschen so ist, als ob Sie in die Eisdiele gehen und nur drei Kugeln essen dürfen und Sie dann sagen: ›Nein, ich will Joghurt-, Erdbeer- und Nusseis, und Vanille hätte ich auch noch gerne. Und, übrigens, ich möchte unbedingt auch abnehmen.‹«

»Oh ja, da haben Sie so recht. So kommt es mir vor. So viele wichtige Themen, Entscheidungen und To-dos – einerseits will ich alles machen, andererseits weiß ich, dass ich nur drei Kugeln schaffe, um im Bild zu bleiben.«

»Stellen Sie sich ein magisches Dreieck vor: einerseits die Idealvorstellung, wie Sie die Dinge gerne hätten, andererseits die Realität, was Sie tatsächlich leisten können, und dann die strategischen

Überlegungen darüber, wie Sie alles meistern können. In diesem Dreieck gilt es jetzt, Ihre Kraft zu finden.«

## Die Magie der Entscheidung

»Ich denke, meine wichtigste Eigenschaft ist, dass ich Entscheidungen treffen kann. Ich kann den Leuten eine Richtung vorgeben, wenn sie Klarheit brauchen. Ich bin die starke Stimme in einer Sitzung, die sagt: ›Wir sind hier, um das zu tun, und wir gehen nicht, bevor wir das erreicht haben.‹ Und ich sorge dafür, dass das auch geschieht. Ich habe eine Vision, ich habe eine Strategie, und ich kann sie umsetzen. Ich bin nicht nur ein Redner. Ich bin ein Macher. Ich liebe es, Verantwortung zu übernehmen. Deshalb war ich mir auch sicher, dass die Rolle als CEO genau die richtige für mich ist. Aber wenn das bedeutet, den ganzen Tag nonstop zu arbeiten, jeden Tag, auch an den Wochenenden, und sich erschöpft und ausgebrannt zu fühlen, nicht schlafen zu können – dann ist es nicht das, was ich will.«

»Okay. Es ist jetzt wichtig, aus diesem Kreislauf der Erschöpfung und Frustration herauszukommen – also die richtige strategische Entscheidung zu treffen zwischen Ihrer Idealvorstellung und der Realität. Oder um im Eisbild zu bleiben: Sich für drei Eissorten mit wenig Zucker zu entscheiden. In Notsituationen wie einem Burn-out sind wir nicht in der Lage, aus unserem vollen Potential zu schöpfen. Im Gegenteil, wir sind häufig im Freeze-, Fight- oder Flight-Modus. Dann sind auch unsere Entscheidungen nicht so gut, wie wir es gewohnt sind. Das ist keine gute Idee als CEO.«

»Richtig.«

»Was brauchen Sie, um die richtigen Eissorten alias Entscheidungen auszuwählen?«

»Wenn ich das wüsste!«

»Sie sagten, dass Ihr strategisches Denken und visionäres Denken die Basis dafür ist, dass Sie in der Lage sind, Dinge zu sehen und sie dann auch umzusetzen. Das ist eine Dimension von Führung. Es gibt noch eine weitere Dimension, nämlich die Fähigkeit, Prioritäten zu setzen und sich zu konzentrieren. Genau darum geht es beim Neinsagen. Es geht darum, dass Sie erkennen, was zu diesem Zeitpunkt am wichtigsten ist, und bei den weniger wichtigen Aufgaben gilt es, Grenzen setzen zu lernen. Wenn Sie jedoch aus der Angst heraus handeln, z. B. Angst vor mangelnder Anerkennung, können Sie keine Grenzen setzen. Denn Sie werden sich ständig vorhalten: ›Ich brauche die Anerkennung. Ich brauche die Anerkennung. Ich brauche die Anerkennung – wie gelingt mir das am besten?‹«

»Stimmt – ich hatte bisher ständig Angst, dass mein Umfeld, wenn ich keine Anerkennung bekomme, meine Arbeit nicht gut findet. Ich mag die Verantwortung. Ich wünschte nur, es würde nicht so viele Stunden meines Tages in Anspruch nehmen.«

»Die Arbeitsbelastung ist viel höher, als Sie diese gerne hätten. Es stellt sich die Frage, wie viele Grenzen Sie setzen müssen, um Entspannung in Ihren Alltag zu bringen. Wenn Sie zu bestimmten Dingen Nein sagen würden, wären Sie dann immer noch in der Lage, Ihre Aufgabe zu erfüllen?«

»Ja, das ist richtig.«

»Wenn Sie unser Gespräch jetzt noch mal reflektieren. Was wäre ein erster Schritt, aus Ihrer Frustrationsschleife nachhaltig herauszufinden?«

»Ich muss Neinsagen lernen.«

»Ich gebe Ihnen dazu einen Satz von der Philosophin Rebekka Reinhard mit auf den Weg: ›Hinter jedem Nein muss ein glühendes Ja stehen!‹ Das bedeutet, dass Sie lernen, ein Nein klar und überzeugt zu formulieren, weil für Sie das glühende Ja z. B. ein Leben ohne Burn-out ist.«

Aus der vorangegangenen Coaching-Session war er übrigens mit einer – auf den ersten Blick – nahezu identischen Aufgabe ›Lerne Nein zu sagen‹ herausgekommen. Anders als ›nur‹ eine solche Aufgabe zu erhalten und zu üben, haben wir in dieser Session gemeinsam nach den Ursachen geforscht, die es ihm schwer machten, die erste Übung in die Realität umzusetzen. Mit der Erkenntnis, dass ein ›kleines‹ Nein im Ergebnis sein ›großes‹ Ja zu den dadurch priorisierten übrigen Themen auffängt und diesen eine zusätzliche Erfolgschance gibt, konnte er sich noch einmal ganz neu – und jetzt erfolgreich – auf die Praxis einlassen.

# Kapitel 43
# Rotwein, Tee oder Coaching – was hilft, wenn der Erfolgsdruck schlaflose Nächte bringt?

»In dieser Krise muss ich permanent harte Entscheidungen treffen, damit die Firma, die ich führe, einerseits kurzfristig überleben kann. Andererseits muss ich schon die Samen säen, damit wir langfristig gedeihen können. An der Spitze zu stehen, heißt im Alltag für mich, schmerzhafte Entscheidungen zu treffen und umzusetzen. Das fängt an bei Kostensenkungen, Entlassungen, Schließungen und in der Pandemie vor allem weitreichende Änderungen von Arbeitsregeln, Verantwortlichkeiten und Strategien. Dazu muss alles schnell gehen – mit unvollständigen Infos, und gefühlt warten vor meiner Tür jede Menge unangenehme Überraschungen und unzufriedene Menschen. Das macht mich gerade völlig fertig. Ich habe – was ich gar nicht kenne – schlaflose Nächte und fühle mich ausgelaugt. Können Sie mich unterstützen? Noch eines: Ich brauche ein schnelles Ergebnis!«

Unter den aktuellen Bedingungen solide Entscheidungen zu treffen, ist sehr schwierig – und noch schwieriger ist es, das Vertrauen zu bekommen, nach dem sich die Mitarbeiter in Krisenzeiten mehr denn je sehnen und das sie brauchen. Die Art und Weise, wie eine Führungskraft Entscheidungen formuliert und umsetzt, ist dabei genauso wichtig wie das Treffen der richtigen Entscheidungen.

## Jede Minute zählt

Die Botschaft war klar: Er wollte ein schnelles Ergebnis. Im Coaching gibt es dazu eine Technik, die man als »start fast« bezeichnet. Dahinter verbirgt sich ein Frageleitfaden, der genau das ermöglichen soll. Ziel ist, schnell Vertrauen und eine positive Beziehung zum Coachee aufzubauen. Die Technik dahinter: sofort mit der Arbeit an den wichtigsten Themen des Klienten beginnen und möglichst einen Mehrwert und Wirkung pro Minute generieren. Das klingt hektisch, ist aber strategisch, und wenn der Klient bereit ist – in diesem Fall es sogar ausdrücklich wünscht –, durchaus realistisch. Es geht um ein fokussiertes und effizientes Vorgehen.

Für mich als Coach heißt das zunächst, nicht nach der Vergangenheit zu fragen. »Was haben Sie schon versucht?«, steht auf der No-go-Liste. Fragen nach Kontext oder nach Details kann ich jederzeit bei Bedarf später ergänzen. Ich stelle keine Fragen, nur weil ich neugierig bin oder »es hilfreich sein könnte«. Ich lasse mich nicht von leichten Gewinnen verführen – sondern setze auf das lange Spiel. Es geht darum, effizient und strategisch vorzugehen, um den größtmöglichen Wert für den Klienten zu schaffen.

Ich startete also mit der ersten Frage: »Was ist das Beste, was Sie jetzt gerade tun können, um wieder ruhig zu schlafen?«

Spontan antwortet er mit einem fragenden Blick: »Guten Rotwein trinken oder vielleicht eher einen Beruhigungstee?«

Pause.

»Was noch?«, frage ich anschließend dreimal nach, und Stück für Stück bahnt er sich in seinem Kopf einen Lösungsweg.

- **Weg von:** ein äußerer Faktor = Beruhigungstee ist keine Lösung.
- **Hin zu:** Die Lösung liegt in mir.

Wir thematisieren Verantwortung als Lösungsweg. Wie lebt die Führungskraft Verantwortung vor – wie kommt man raus aus der Opferrolle und dem »Finger Pointing«, das suggeriert: Die anderen sind schuld?

Ich frage noch mal: »Was genau können Sie tun, damit Sie wieder ruhig schlafen?«

Auf einmal »brach« es quasi aus ihm heraus: »Keine Ausreden mehr finden. Endlich damit aufhören, mich über so viele Dinge zu ärgern und darüber zu lamentieren, was ich nicht wissen konnte oder was ich hätte tun können, bevor die Krise einschlug, und was ich jetzt alles nicht kontrollieren kann. Ich grübele einfach zu oft sinnlos darüber nach, was hätte sein können und wer die Schuld trägt, und erfinde Ausreden von Maßnahmen.«

»Wie sehen Sie sich in dieser Situation als Führungskraft?«

»Dass ich beunruhigt bin, ist vielleicht menschlich. Aber ich sollte als CEO erkennen, dass die Dinge noch schlimmer werden, wenn ich mich nicht auf das konzentriere, was ich jetzt weiß und noch aktuell tun kann, um erfolgreich zu handeln. Ich weiß, dass es letztendlich irrational ist, Energie auf vergangene Dinge zu verwenden, die ich unmöglich ändern kann.«

## Eigene Handlungsoptionen im Fokus

»Was werden Sie konkret tun? Was ist der nächste Schritt?«

»Ich konzentriere mich darauf, was ich und meine Board-Kollegen tun können, um die Pandemie am besten zu bewältigen. Wir müssen die Herausforderung annehmen und wieder in den Wachstumsmodus kommen – raus aus der Schockstarre. Wir müssen u. a. Kosten kontrollieren und bessere Praktiken für die Remote-Arbeit bzw. demnächst für Hybrid-Arbeit entwickeln. Mein Anspruch als CEO ist es, das Unternehmen trotz der schwierigen Bedingungen in die richtige Richtung zu bewegen.«

»Was genau wollen Sie tun?«

»Trial und Error zulassen. Beobachten, welche Maßnahmen funktionieren und welche nicht. Obwohl unsere Umstellung auf nahezu 100 Prozent Remote-Arbeit zu beeindruckenden Produktivitätssteigerungen geführt hat, will ich diese neuen Arbeitsweisen nicht zu sehr feiern, es geht ja auch viel verloren, wenn alle oder die meisten

Arbeiten im Homeoffice erledigt werden – das sind möglicherweise Probleme, die im Laufe der Zeit noch deutlicher werden könnten. HR mit ins Boot nehmen … da fällt mir viel ein!«

In der ersten Session hatte der CEO wichtige Erkenntnisse gewonnen. Entscheidend für den nachhaltigen Coaching-Erfolg war nun, dass er die geplanten Aktivitäten auch regelmäßig reflektiert. Nur die Kontinuität von Action und Reflection führt zum dauerhaften Erfolg. Dazu gab ich ihm vier Reflexionsfragen an die Hand, die er seitdem jeweils abends für sich beantwortet:

*Tägliche Reflexion*

- **Welche neue Sache habe ich heute gemacht?**
- **Was hat gut funktioniert? Was hat nicht geklappt?**
- **Was habe ich gelernt?**
- **Welche eine Sache werde ich morgen anders machen?**

Veränderung geschieht immer in einem ganz bestimmten Moment, dazu braucht man eine bestimmte Einsicht, und dieser Einsicht muss eine Verhaltensänderung folgen.

Damit er dieses Muster verinnerlicht, begleitet ihn seit dem Transformationscoaching zusätzlich zu den Reflexionsfragen jeden Tag die Leitfrage: »Was genau will ich anders machen, und wann starte ich mit der Umsetzung?«

# Kapitel 44
# Need speed? Slow down!

»Wenn Sie ein Bild auswählen sollten, dass die Geschwindigkeit in Ihrem Unternehmen symbolisiert, welches wäre das?«, frage ich den CEO.

Auf dem Tisch liegen 25 Bildkarten. Zielsicher wählt er das Bild aus, auf dem ein »Thrilling Spin« zu sehen ist. Menschen, die im Karussell sitzen und kopfüber im Achterbahnstil umhergewirbelt werden. Manche kreischen offensichtlich vor Lachen – andere schauen angsterfüllt.

»Warum haben Sie dieses Bild ausgewählt?«, will ich wissen.

»Das Bild ist sehr dynamisch – wir haben Spaß, wie auch die Leute auf dem Bild. Auch wenn es schnell ist, manchmal auch kopfüber, auf jeden Fall ist es ein Gemeinschaftswerk.« Er denkt nach und fährt dann fort: »Was wir anders als das Gerät machen, das irgendwann anhält: Wir sind nicht so gut darin, mal eine Pause zu machen … wir machen immer weiter, Pausen fehlen bei uns. Wir haben immer das Gefühl, wenn wir Schritt für Schritt vorgehen, verlieren wir noch mehr Zeit. Wir lehnen uns nie zurück und machen Pause. Es geht immer weiter.«

## Raus aus der Achterbahn

Wir sprechen darüber, wie wichtig es ist, gerade dann, wenn Unternehmen eine schnelle Wachstumsphase erleben, innezuhalten und zu reflektieren: Sind wir noch mit unserer Mission und Vision im Einklang? Was funktioniert operativ und was nicht? Welche Systeme,

Prozesse und Mitarbeiter müssen gestärkt werden, um uns auf zukünftiges, nachhaltiges Wachstum vorzubereiten?

Unternehmen, die Angst haben, ihren Wettbewerbsvorteil zu verlieren, verbringen häufig viel Zeit und viele Ressourcen mit der Suche nach Möglichkeiten, das Tempo zu erhöhen. Dabei wird genau andersrum ein Schuh daraus: Statt immer schneller, höher weiterzumachen, sollten sie versuchen, das Tempo zu drosseln.

In einer Studie mit 343 Unternehmen (durchgeführt in Zusammenarbeit mit der Economist Intelligence Unit) haben die Unternehmen, die ausschließlich auf Geschwindigkeit setzten, am Ende deutlich schlechter performed als diejenigen, die in Schlüsselmomenten innehielten, um zu hinterfragen, ob sie auf dem richtigen Weg sind. Die Unternehmen, die »langsamer« wurden, um schneller zu werden, verbesserten Umsatz und Gewinn: Im Durchschnitt erzielten sie über einen Zeitraum von drei Jahren 40 Prozent höhere Umsätze und 52 Prozent höhere Gewinne.

## Die Start-up-Lösung

»Wissen Sie, mir ist der alte Spruch klar: ›Der Fisch stinkt vom Kopf.‹ Keine schöne Metapher, aber eine treffende. Ich muss das wohl vorleben – aber wie?«

Im Executive Sparring entwickeln wir erste Gedanken, wie er »Pause & Reflect« im Unternehmen etablieren könnte. Am Anfang steht die Frage: »Was wäre ein erster Schritt?«

Seine spontane Reaktion: »Es gefällt mir, dass Sie nach einem ersten Schritt fragen und nicht gleich ein riesengroßes Konzept wollen, das dann bei uns doch wieder nicht gelebt wird. Ich bin ja als Investor in Start-ups tätig. Da sage ich den Gründern immer: Einfach mal machen.«

Als Start-up-Pendant entwickeln wir zunächst die »Pause-and-Reflect«-Routine für den CEO selbst – fünf Minuten täglich: Jeden Morgen mit fünf Minuten »Pause & Reflect« in den Tag starten statt E-Mail-Check. Timer stellen und dann die fünf Minuten nutzen, um zum Beispiel eine Sinnfrage in Gedanken zu beantworten. Dabei muss es nicht die Sinnfrage nach dem Purpose des Unternehmens sein. Im Gegenteil: Es macht Sinn, bei sich selbst anzufangen, etwa beim Selbstbewusstsein – und zwar ganz wörtlich. Bin ich mir meiner selbst (und wie ich handele) bewusst? Welchen Einfluss habe ich mit meinem Handeln auf das große Ganze? Wie erziele ich Wirkung und womit? Führungskräfte, die wissen, welchen Impact sie ausüben, agieren wirksamer als die, die unreflektiert handeln. Die Sicherheit über die eigene Wirkung trägt maßgeblich zur Klärung der Sinnfrage bei.

Ich ermuntere den CEO: »Verlangsamen Sie, schaffen Sie den Raum für Wirksamkeit – experimentieren Sie. Fünf Minuten täglich.«

Nach acht Wochen bekam ich einen Anruf vom CEO: »Niemals hätte ich gedacht, dass fünf Minuten täglich eine solche Wirkung entfachen. Ich habe das tatsächlich diszipliniert gemacht – jetzt bin ich bereit für den nächsten Schritt.«

Inzwischen begleite ich den CEO seit zwei Jahren und das Unternehmen hat »Pause & Reflect« in seine DNA übernommen. Die täglichen fünf Minuten macht der CEO immer noch und ermuntert seine Mitarbeiter, es ihm gleichzutun. Zudem gibt es zweimal pro Jahr »Pause-and-Reflect«-Tage, an denen das Board einfach nur Pause macht, reflektiert und hinterfragt. Planen verboten.

# Kapitel 45
# Das große Schweigen der Vorstände

In den Top-Etagen werden Probleme oft »gelöst«, indem sie totgeschwiegen werden. Emotionale Themen werden vielfach komplett ignoriert. Vorstände weigern sich, Themen anzusprechen, die ihnen unangenehm sind. Das Schweigen hat viele Ursachen und weitreichende Folgen. Auch für meine Klientin, die lange – viel zu lange – geschwiegen hatte.

## Wenn der frische Wind in die Zukunft zum Sturm in die Vergangenheit wird

Als sie den Posten als Chief Sales Officer (CSO) übernommen hatte, wehte gerade ein frischer Wind im Unternehmen. Der bisherige Eigentümer hatte sich zurückgezogen – ein neues Vorstandsteam hatte sich formiert. Junge, ambitionierte Kollegen – die Zusammenarbeit machte Spaß. Man war sich einig: Der bisherige althergebrachte Führungsstil sollte einem kollaborativen Führungsstil weichen. Flachere Hierarchien wurden eingeführt. HR bekam eine neue Rolle – der Mitarbeiter stand im Fokus –, »People first« war das neue Motto.

Dann kam Corona. Umsatzeinbruch um 60 Prozent. Das Inlandsgeschäft brach komplett zusammen. Crisis-Management war gefragt. Plötzlich – wie aus dem Nichts – tauchte der Senior-Chef wieder auf und übernahm sukzessiv das Ruder. Statt »People first« hieß es wieder »Efficiency first«. Sparpläne wurden verteilt. Leistung gefordert. Ein Lob – Fehlanzeige.

»Ich habe immer das Gefühl, dass es nie genug ist, was ich mache«, klagte die CSO, als sie zu mir kam. »Das macht mich völlig fertig. Wenn ich Glück habe, werden meine Entscheidungen respektiert bzw. angenommen, aber immer verbunden mit der nächsten Forderung. Niemals mit anerkennenden Worten. Hinzu kommt, dass der Samen, den wir gerade gesät hatten, gefühlt komplett verdorrt – die Uhren laufen bei uns gerade rückwärts, so kommt es mir vor.«

## Wegducken und stillhalten?

»Kennt der Eigentümer Ihre Gedanken?«, frage ich die Klientin in der Insight-Session.

»Nein, natürlich nicht. Ich hadere ja insgesamt mit seiner Rückkehr. Natürlich frage ich mich, traut er uns den Job nicht zu? Warum kommt er zurück?«

Ich frage erneut nach: »Kennt der Eigentümer Ihre Gedanken?«

»Nein – um Gottes willen. Ich kann ihm ja schlecht sagen, dass ich total verunsichert bin. Das wäre Wasser auf seine Mühlen. Er hatte sich mit großem Trara zurückgezogen – die ganze Firma in einem Town-Hall-Meeting darüber informiert. Das ist gerade mal 15 Monate her.«

»Weiß der Eigentümer, wie Sie über seine Rückkehr denken?«

»Wie gesagt – das habe ich ihm nicht gesagt. Er hat sogar extra ein Board-Meeting einberufen und uns offiziell gesagt, dass er jetzt in der Krisenzeit zurückkommt. Seine Argumente waren, dass wir in einer Umbruchszeit sind und jetzt ganz schnell ganz viel verändern müssen und er als Eigentümer schneller entscheiden kann. Dass er Dinge infrage stellen kann usw.«

»Was würde Ihnen jetzt am besten helfen?«

»Na ja, das ist ja fast wie ein Misstrauensvotum. Was ich bräuchte, wäre einen Vertrauensbeweis. Im Moment habe ich das Gefühl, dass er nicht nur mir, sondern dem ganzen Board nicht vertraut – also in Bezug auf unsere Entscheidungen.«

## Aufstehen und sprechen!

»Was wäre der erste Schritt, der Sie jetzt weiterbringt?«

Die CSO überlegt.

»Ein erster Schritt? Schwierig.«

»Was könnten Sie tun, damit der Eigentümer Ihre Gedanken, Ihre Verunsicherung kennt?«

»Ich müsste es wahrscheinlich am besten einfach sagen – nur das geht gar nicht.«

»Bleiben Sie mal bei der Idee, dass Sie es ihm sagen. Wie könnten Sie es ihm sagen?«

Das Schweigen führte dazu, dass die Rückkehr des Eigentümers zum Vertrauensproblem für das ganze Board geworden war. Hinter dem Rücken oder »in der virtuellen Kaffeeküche« wurden die Stimmen immer lauter. In jedem Board-Meeting, das ohne den Eigentümer stattfand, war die Stimmung Thema. Eine solche Situation hat gleich drei negative Konsequenzen, die sich in der vierten potenzieren:

- **Solche Gespräche kosten viel Zeit.**
- **Solche Gespräche kosten viel Energie.**
- **Solche Gespräche bringen negative Energie.**
- **Die negative Energie führt zur Verunsicherung im Board und damit zu unsicheren (= schlechten) Entscheidungen.**

Im Coaching entwickelten wir ein Konzept für die CSO, mit dem es ihr gelang, das Thema beim Eigentümer direkt anzusprechen. Auf Basis des Vier-Quadranten-Modells (siehe Kapitel 18) entstand folgender Gesprächsleitfaden:

»Herr Maier, danke, dass Sie sich Zeit genommen haben für das Gespräch. Vielen Dank auch, dass Sie in dem Meeting am Montag Ihre Rückkehr in die operative Führung klar benannt haben. Das haben wir als sehr positiv empfunden. Mir ist klar, dass Sie durch die aktuelle Krise natürlich auch unter Druck sind. Gleichzeitig gibt es mir das Gefühl, dass Sie unseren Entscheidungen nicht vertrauen und glauben, dass wir in der Krise nicht gut genug managen. Mir ist Klarheit wichtig, deshalb bitte ich Sie mir zu sagen, wie Sie sich die weitere Zusammenarbeit vorstellen.«

Bei der Ansprechbarkeit geht es nicht um den Wortlaut – der wird jeweils auf die individuelle Situation angepasst. Es geht darum, in einem Gespräch nicht nur die Bedenken und eine mögliche Forderung/Lösung zu formulieren. Es geht, neben diesen beiden wichtigen Aspekten, zusätzlich um das klare Benennen der eigenen Gefühle und Bedürfnisse. Raus mit dem Frust und Ärger aus der Kaffeeküche – »rein« in die Kommunikation. Es geht darum, Verantwortung zu übernehmen für die eigenen Gefühle und Bedürfnisse und sie in einem konstruktiven Gespräch auf Augenhöhe zu klären. Das schafft Respekt und bringt Klarheit.

Die CSO ist diesen Weg mutig gegangen. Der Eigentümer war nach anfänglicher Irritation dankbar für die Offenheit und Transparenz. Und auch das übrige Board hat die Initiative erleichtert und positiv kommentiert. Inzwischen arbeiten alle miteinander an der Bewältigung der herausfordernden Themen und stehen wenn gemeinsam »in der Kaffeeküche«.

# Kapitel 46
# Erfolgreiches Leadership – sieben Guidelines für Top-Führungskräfte

Jack Welch, Ex-CEO von General Electric, war berühmt für seine Managementregeln. Sie funktionierten v. a. deshalb so gut, weil sie aus seiner Praxis kamen. Kein theoretisches »Geschwurbel«, sondern nachvollziehbare Regeln eines Praktikers. Regeln, die aus der eigenen Erfahrung kommen – selbst gespürt sind –, die Learnings spiegeln, sind viel wirksamer als das Copy-and-paste von Leadership-Kursen. Im Laufe der Jahre als Transformational-Leadership-Coach habe ich viele dieser praxisbezogenen Leadership-Fähigkeiten beobachtet und daraus meine persönlichen Top Seven formuliert:

## 1. (Endlos) Zeit nehmen für Kommunikation!

»Communication is the key« für jede Führungskraft. Und Kommunikation braucht vor allem eines: Zeit! Das bestätigen auch zahlreiche Studien u. a. der Bertelsmann Stiftung in Zusammenarbeit mit dem Fraunhofer-Institut für Arbeitswirtschaft und Organisation, IAO. Die Entwicklung einer erfolgreichen Kommunikation findet nicht über Nacht statt, sondern Schritt für Schritt. Genau diesen Prozess begleite ich z. B. mit dem Communication Profile Check auf Basis innovativer Persönlichkeitsdiagnostik, dem LPP. Dadurch wird es möglich, den eigenen Kommunikationsstil sowie die individuellen Verhaltenspräferenzen zu reflektieren, besser zu verstehen und im Coaching passgenaue Entwicklungsstrategien für eine erfolgreiche und souveräne Kommunikation – auch unter Druck – zu erarbeiten.

## 2. Transparenz und Klarheit schaffen Vertrauen

Ob Manager, Führungskraft, Teamleader oder Vorstand – um seiner Vorbildfunktion gegenüber Mitarbeitenden und Kollegen gerecht werden zu können, ist es notwendig, Transparenz und Klarheit vorzuleben. Gerade in Krisenzeiten sollte eine Top-Führungskraft z. B. ihre eigene Verletzlichkeit transparent machen und Klarheit darüber schaffen, welche Probleme es im Unternehmen gibt bzw. zu meistern sind. Transparenz schafft Vertrauen.

## 3. Aktiv zuhören, statt nur hinzuhören

Aktives Zuhören ist mein persönlicher Favorit. Aktives Zuhören ist die Basis von Kommunikation. Umgedreht wird auch ein Schuh draus: Kommunikation bricht schnell zusammen, wenn keiner zuhört. Emotional intelligente Menschen sind oft die besseren Zuhörer. Sie halten Augenkontakt während des Gesprächs, hören aufmerksam zu, fragen intensiv nach und lassen ihren Gesprächspartner ausreden. Emotionale Intelligenz ist lernbar.

## 4. Routinen bewusst durchbrechen

»Out of the comfortzone is where the magic happens.«

Das ist eigentlich ein Klassiker, und gleichzeitig wird er gerade in diesen Zeiten viel zu wenig beachtet. Der Grund ist einfach: In schwierigen Zeiten sind wir ohnehin permanent gezwungen, aus unserer Komfortzone herauszugehen. Viele Menschen sind einfach veränderungsmüde. Da suchen wir uns Inseln, die auch nach alten Mustern funktionieren. Eine potentielle Gefahr für herausragendes Leadership.

## 5. Entscheidungen mutig treffen, statt hinauszuschieben

Immerhin treffen wir täglich bis zu 20.000 Entscheidungen – kleine und große, unwichtige und relevante. »Entscheiden ist einfach« – sagt Prof. Philipp Meissner in seinem gleichnamigen Buch. Davon bin ich auch überzeugt. Machen Sie es sich bewusst, wie viele Entscheidungen Sie täglich treffen und wie viel Übung Sie haben. Entscheiden hat zudem viel mit Mut und Macht und durchaus auch mit Machtdemonstration zu tun, um als Fels in der Brandung wahrgenommen zu werden. Entscheiden vermittelt Selbstvertrauen, das Entscheider gerade in schwierigen Zeiten brauchen. Transformationscoaching leistet hier für viele einen großen Mehrwert. Es unterstützt Top-Manager z. B. dabei, ihr (in Krisenzeiten oft angeknackstes) Selbstvertrauen wiederzugewinnen und entscheidungsfähig unter Druck zu sein.

## 6. Unternehmergeist und Neugierde vorleben und aktiv von den Mitarbeitern einfordern

Unternehmerisch-begeistert statt satt-zufrieden heißt der »magic key«. Tatsächlich blühen die meisten Mitarbeiter auf, wenn man sie unternehmerisch einbindet. Deshalb ist das aktive Einfordern unternehmerischer Haltung und Neugier ein effektives und schnell wirkendes Führungskonzept.

## 7. Konflikte ansprechen und lösen

Konflikte werden nicht nur in Zeiten von »Führen auf Distanz« viel zu oft unter den Tisch gekehrt. Das ist m. E. eine Katastrophe. Die gute alte Kaffeeküche, einerseits »ungute Brutstätte« schlechter Stimmungen, doch oftmals auch »friedensstiftende Quelle« nach versehentlichen Missverständnissen, hat in Zeiten von Homeoffice oft nicht mehr den Stellenwert von früher. Der durchaus auch einmal »klärende« Flurfunk ist vielerorts verhallt – da stauen sich Konflikte an. Die Lösung heißt – mit wie ohne Kaffeeküche – schlicht und einfach: Ansprechen.

Im Coaching arbeite ich deshalb immer wieder mit dem sogenannten **Vier-Quadranten-Modell** (siehe Kapitel 18). Die sieben Richtlinien helfen, Führung transparent und nachvollziehbar für alle Beteiligten zu gestalten. Authentizität spielt hierbei eine wichtige Rolle, da Führungskräfte selbst erkennen sollten, dass Führung eine anspruchsvolle Aufgabe ist, die die Zusammenarbeit aller erfordert, um erfolgreich zu sein. Jede dieser Leitlinien trägt dazu bei, und je mehr sie in das eigene Verhalten integriert werden, desto wirksamer kann man als Führungskraft agieren.

# Kapitel 47
# Liegt Ihr »Big Picture« auch noch im Nebel?

Sie befinden sich in bester Gesellschaft – ein Fallbeispiel aus dem Transformationscoaching: Donnerstagmorgen, 10.30–11.00 Uhr, Fokus-Insight-Session mit Markus B., Geschäftsführer in einem mittelständischen Unternehmen.

Ich starte mit der Frage: »Was möchten Sie mit dem Coaching erreichen?«

Seine Antwort: »Mein ›Big Picture‹ habe ich klar. Ich möchte meine Karriere endlich weiterentwickeln. Wissen Sie, Frau Segschneider, man hat ein paar Sachen erreicht … Ich habe aber das Gefühl, dass ich mein Potenzial noch nicht ganz abgerufen habe. Bin jetzt in der Mitte des Lebens – eigentlich ist alles in geregelten Bahnen. Das reicht mir aber nicht. Mein Ziel heißt: Next Level bitte. Mit meiner Hausapotheke komme ich bis zu einem gewissen Punkt. Das geht mir aber zu langsam. Ich habe zwar meine Frau als Sparringspartner, und meine Freunde bemühen sich auch – jetzt will ich aber losgelöst von dem Kontext, in dem ich gerade bin, mal eine neue Perspektive und professionelle Begleitung.«

»Was wäre jetzt am hilfreichsten für Sie? Was ist die eine Sache, die Sie tun können, um in Richtung Ihres Ziels zu starten?«, hinterfrage ich seine Ambitionen.

## Freiheit, die ich meine

»Ich brauche sehr viel mehr Gestaltungsfreiraum – sowohl im Außen als auch im Innen. Ich möchte mit bestimmten Situationen anders umgehen, da kann ich mit Sicherheit noch besser werden. Ich habe schon ein Gefühl, wie sich das anfühlt – das nächste Level. Vielleicht gibt es auch noch etwas anderes, was ich vielleicht übersehe …; möchte richtig priorisieren; vielleicht durch Coaching-Techniken Sachen freilegen, Perspektive in einer anderen Ecke des Raums finden …«

Das ist der Klassiker. Ich frage Klienten nach der einen Sache, die sie tun können, damit sie besser werden, und sie schildern mir ihr »Big Picture«, das genau genommen i. d. R. eine Nebelwolke ist. Eine unsortierte Sammlung von allem, was sie in dem Zusammenhang beschäftigt, und sie wundern sich, dass sie keine Lösung finden. Deshalb ist es so wichtig, zunächst einen Startpunkt zu finden. Wo ist der Bedarf am größten? Wo ist möglicherweise der Flaschenhals? Wo genau steckt der Klient fest? Darüber hinaus geht es um den Aufbau der Vertrauensebene, der am besten gelingt, wenn der Klient ein Problem bereits in der kurzen Fokus-Insight-Session gelöst bekommt.

## Fokussierung auf »The one and only«

Ich frage also nach: »Was ist die eine Sache, die Sie tun können, um zu starten?«

»Ich brauche keine Reparatur – ich will mich ganz klar noch mal steigern –, ich bin mit mir nicht zufrieden. Ich möchte, ich brauche, ich will einen anderen Kontext. Mir geht das auf den Zeiger, wie es aktuell ist. Da sind ein paar Themen, da sage ich – das war nicht so gut –, wenn ich bewusst draufgucke, das war schon hart … das hätte ich gerne anders, besser.«

Ich bleibe dran: »Was ist die eine Sache, die Sie tun können, um zu starten?«

»Vielleicht mit einer Reflexion. Ich werde mit Sicherheit … Ich will woandershin, es geht zu langsam, es ist zu klein … da muss ein bisschen mehr passieren. Ich frage mich, wie gehe ich da vor?«

»Was wäre eine Sache, mit der Sie starten könnten, easy und simple? Was können Sie jetzt im Moment tun?«

*Mindmap – die »Landkarte«, um zum Ziel zu finden*

»Ich könnte mir eine Mindmap machen und die Möglichkeiten, die ich persönlich für mich sehe, einmal visualisieren. Das habe ich noch nie getan, und ich bin ein visueller Mensch. Mir fällt gerade auf, dass ich immer nur darüber rede mit meiner Frau und meinen Freunden. Aber ich habe mich noch nie hingesetzt und meine Optionen mal aufgeschrieben und z. B. über eine Mindmap sichtbar gemacht.«

Die meisten Klienten kommen mit abstrakten – man könnte auch sagen nebulösen – Schilderungen ihres Problems. Die »Zooming-in«-Technik bringt Klarheit und Leichtigkeit in den Prozess. Typische Fragen sind: Was wäre die eine Sache, mit der Sie starten können? Welche konkreten Maßnahmen werden Sie ergreifen? Was genau werden Sie sagen? Wie spiegelt das wider, wie Sie im »Next Level« agieren wollen?

Durch das Herunterbrechen des Problems auf die Umsetzungsebene erkennt der Klient zum einen machbare Schritte, aber auch Hindernisse. Anschließend – zu Beginn des dann folgenden Coaching-Prozesses – geht es um »Zoom-out«, also um die saubere Formulierung des »Big Picture«: Welche Werte und Prinzipien sind Ihnen wichtig? Welche Art von Leadership möchten Sie leben etc.? Aus diesen Ergebnissen kann der Klient dann sein Ziel präzise und klar formulieren.

Markus B. schickte mir als Feedback schon eine Woche später seine Mindmap, die ihm nicht nur dabei geholfen hatte, mehr Klarheit über seine unterschiedlichen Perspektiven zu bekommen, sondern darüber hinaus seine Zielvorstellung »so viel klarer« gemacht hatte. Im nächsten Schritt buchte er den Personality Profiler Check auf Basis des LPP. Gerade für das Thema »Krisenbewältigung und Neuorientierung« lohnt sich ein Blick auf die »Big Five« als maßgebliche Determinanten der Charaktereigenschaften.

Der Personality Profiler Check brachte für Markus B. nicht nur Klarheit über sein »Next Level«, sondern auch spannende Erkenntnisse über seine Persönlichkeit und vor allem die Sicherheit und das Selbstbewusstsein, das »Next Level« erfolgreich anzugehen.

# Kapitel 48
# Ein Athlet am Wendepunkt

Als Jens, 25 Jahre, Spitzensportler in einer Einzelsportart, zu mir in die Beratung kam, war er ein Bild des Zweifels und der Erschöpfung. Trotz seiner beachtlichen Erfolge in der Vergangenheit stand er an einem kritischen Punkt seiner sportlichen Laufbahn.

»Ich fühle mich verloren«, offenbarte er mir in unserer ersten Sitzung. »Ich habe das Gefühl, dass ich mich im Kreis drehe, und ich bin mir nicht sicher, ob ich so weitermachen kann oder will.«

Seine Worte spiegelten eine tiefe innere Krise wider, die weit über physische Müdigkeit hinausging. Es war offensichtlich, dass Jens nicht nur physische Erholung, sondern auch eine tiefgreifende mentale und emotionale Neuausrichtung benötigte.

## Einsatz des LPP-Sportsprofilers: Erste Schritte zur Selbsterkenntnis

Um Jens' Situation zu verstehen und ihm effektiv zu helfen, wählten wir den LPP-Sportsprofiler als unser Hauptwerkzeug. Dieser speziell für Athleten entwickelte Persönlichkeitstest basiert auf dem renommierten BIG FIVE Modell. Er bietet eine differenzierte Analyse der Persönlichkeit und verknüpft diese mit Schlüsselfaktoren des sportlichen Erfolgs. Die Ergebnisse des Tests würden uns wertvolle Einblicke in Jens' innere Welt geben und uns helfen, maßgeschneiderte Strategien für seine persönliche und sportliche Entwicklung zu erarbeiten. Der LPP-Sportsprofiler ist mehr als nur ein Diagnoseinstrument; er ist ein Wegweiser, der Sportler wie Jens dabei unterstützt, ihr volles Potential zu entdecken und zu nutzen.

*Jens' Persönlichkeitsprofil: Ein komplexes Puzzle*
Die Ergebnisse des Sportsprofilers waren aufschlussreich. Jens' hohes Leistungsmotiv war unverkennbar und bildete das Rückgrat seines sportlichen Ehrgeizes. Er war getrieben vom Wunsch, im Wettkampf zu siegen und sich gegen starke Konkurrenten durchzusetzen. Gleichzeitig zeigte sein Profil allerdings ein noch stärker – maximal – ausgeprägtes Unabhängigkeitsmotiv, das seinen Wunsch nach Autonomie und Freiheit in seiner sportlichen Praxis unterstrich. Diese Mischung aus Leistungsbereitschaft und Unabhängigkeitsdrang war einerseits eine Quelle seiner Stärke, andererseits jedoch auch eine Ursache für Konflikte und Unzufriedenheit, insbesondere in einem strukturierten Teamumfeld, das die Voraussetzung für seine Erfolge war. Nur mit seinem Team aus Trainer, Physio etc. konnte er siegen. Es war klar, dass wir an einem Weg arbeiten mussten, der Jens ermöglichte, diese Eigenschaften seiner Persönlichkeit in Einklang zu bringen und optimal zu nutzen.

## Auf dem Weg zur Veränderung

Unsere Coaching-Sitzungen waren geprägt von Offenheit und tiefer Reflexion. Über den Sportsprofiler hatte er schwarz auf weiß gesehen, was er sich bisher nie bewusst gemacht hatte: Seine hohe Innenorientierung. Innenorientierte Menschen machen Probleme eher mit sich selbst aus und laden ihre Akkus mit Nachdenken auf.

»Genau das bin ich«, Jens sprach über sein Gefühl der Isolation und seine Neigung, sich in schwierigen Zeiten in sich selbst zurückzuziehen. »Ich habe immer gedacht, ich kann das alles alleine schaffen«, sagte er. »Aber jetzt sehe ich, dass diese Einstellung mich von meinem Trainer & Team entfernt hat.«

Wir diskutierten, wie er seine hohe Innenorientierung und sein Unabhängigkeitsmotiv in einer Weise nutzen könnte, die ihm und seinem Team zugutekommt, ohne seine Bedürfnisse nach Autonomie und Selbstbestimmung zu untergraben. Dieser Prozess der

Selbsterkenntnis und des Umdenkens war nicht einfach für Jens, aber er war bereit, sich den Herausforderungen zu stellen.

*Die Bedeutung der Balance: Jens' Schlüssel zur Veränderung*
Ein entscheidender Aspekt in Jens' Entwicklung war das Verständnis der Bedeutung von Balance in seinem Leben und seiner Karriere.

»Ich habe immer nach Perfektion und Spitzenleistung gestrebt, aber jetzt verstehe ich, dass es auch wichtig ist, auf mich selbst und meine emotionale Gesundheit zu achten«, erkannte er.

Wir arbeiteten daran, Strategien zu entwickeln, die ihm helfen würden, seine innere Ruhe zu finden, auch inmitten des Wettkampfes und des Drucks. Es ging darum, einen Mittelweg zwischen seiner leistungsorientierten Natur und dem Bedürfnis nach persönlichem Wachstum und Wohlbefinden zu finden. Was war anders als zuvor?

Zuletzt hatte er sogar versucht, mit Hilfe eines Mental-Coachs Wege zurück in die Fokussierung und Motivation zu finden. Dies jedoch immer nur auf Ebene der »Symptomkorrektur«. Jetzt hatte er erstmals verstanden, WARUM er sich immer wieder so gestresst, erschöpft und überfordert fühlte. Erstmals sah er eine echte Lösungsperspektive. Ganz wichtig für ihn persönlich war dabei zu erkennen, dass er nicht »schlecht(er)« geworden war. Vielmehr hatte er langfristig das unerkannte Spannungsverhältnis zwischen Innenorientierung, Leistungs- und Autonomiestreben nicht mehr kompensieren können.

## Jens' Fortschritte: Neue Strategien und Motivationen

Im Laufe unserer Sitzungen machte Jens bedeutende Fortschritte. So fanden wir im Austausch miteinander insbesondere Möglichkeiten für ihn, sich mehr zu öffnen. Er erkannte, dass die Einbindung seines Teams in seine Probleme seinem Unabhängigkeitsstreben nicht zwingend zuwiderlief. Im Gegenteil: Durch Teilhabe z. B. der Physiotherapeuten an seinen »inneren« Befürchtungen bot sich die Chance besserer Trainingsausgestaltung. Damit »zahlte« er auf sein

Leistungsstreben ein, was ihm die Motivation lieferte, sich Schritt für Schritt zu öffnen. In der Folge begann er, Herausforderungen anzunehmen, die er früher vermieden hatte, und entwickelte neue Methoden, um sich für alle Aspekte seines Trainings zu motivieren, auch für jene, die ihm weniger Freude bereiteten. Ein Beispiel für eine Methode ist die »Segmentierung und Visualisierung«, die ihm fortan half, auch weniger erfreuliche Trainingsteile erfolgreich zu meistern.

*Segmentierung: Aufteilung in kleine Schritte*

Jens lernte, große und herausfordernde Trainingseinheiten in kleinere Abschnitte zu unterteilen. Indem er sich auf kurzfristige, erreichbare Ziele innerhalb jedes Segments konzentrierte, verhinderte er das Gefühl der Überwältigung. Diese Aufteilung in handhabbare Einheiten ermöglichte ihm, sich auf den momentanen Abschnitt zu fokussieren und motiviert zu bleiben. Hier galt es vor allem anzuerkennen, dass auch kleine Schritte zum Ziel führen und damit seinem Leistungsmotiv nicht entgegenstehen.

*Visualisierung: Erfolg Vorwegnehmen*

Die Segmentierung verknüpfte Jens mit bewusster Visualisierung. Vor jeder Trainingseinheit nahm er sich 10 Minuten Zeit, um sich das erfolgreiche Absolvieren dieser Abschnitte mental vorzustellen. Diese Vorstellungskraft erzeugte eine positive Einstellung und fokussierte ihn auf die erwarteten Erfolge, anstatt auf die Herausforderungen des Trainings.

*Praktische Umsetzung*

Als praktisches Beispiel teilte Jens eine anspruchsvolle Trainingseinheit in drei Teile, setzte für jeden Teil spezifische Ziele und visualisierte vorab seinen Erfolg. Diese Methode half ihm, sowohl physisch als auch mental besser vorbereitet zu sein und trug wesentlich zu seiner positiven Entwicklung bei. Diese Veränderung in seinem Ansatz führte nicht nur zu einer Verbesserung seiner sportlichen Leistung, sondern auch zu einem gesteigerten Gefühl der Zufriedenheit und Erfüllung in seinem sportlichen und persönlichen Leben.

*Die Auswirkungen auf Jens' Team und Umfeld*
Die positiven Veränderungen in Jens' Einstellung und Verhalten hatten auch einen merklichen Einfluss auf sein Umfeld. Sein Trainer & sein gesamtes Team bemerkten eine verbesserte Kooperation und Kommunikation, was zu einer gesteigerten Teamdynamik und Effizienz führte. Jens' neue Fähigkeit, seine persönlichen Bedürfnisse mit den Anforderungen des Teams in Einklang zu bringen, führte zu einer insgesamt harmonischeren und produktiveren Arbeitsumgebung.

## Fazit: Eine Reise der Transformation und des Wachstums

Jens' Weg durch das Coaching war eine transformative Erfahrung, die weit über die Verbesserung seiner sportlichen Leistung hinausging. Es war eine Reise der Selbstentdeckung und des persönlichen Wachstums, die ihm half, nicht nur als Athlet, sondern auch als Mensch zu reifen. Seine Geschichte ist ein eindrucksvolles Beispiel dafür, wie tiefgreifendes Verständnis der eigenen Persönlichkeit und zielgerichtetes Coaching zu nachhaltigen Veränderungen führen können – sowohl auf dem Spielfeld als auch im Leben.

## Kapitel 49
## Wenn der »Elefant im Raum« steht, stell ihn vor!

»Mit einem großen ›Tata‹ füllt mein Vorstandskollege den Raum, sobald er ihn betritt. Das würde ich auch gerne können! Aber nicht so laut. Ich wäre gerne sichtbar ohne viel ›Tata‹!«

Das war Katharinas Antwort auf meine Frage: »Was ist Ihr Coaching-Ziel?«

»Mein Problem ist: Ich versuche jede Form von Auseinandersetzungen nach Möglichkeit zu vermeiden. Wenn es dann doch einmal zu einem Konflikt kommt, bin ich schnell bereit, auf mein Gegenüber zuzugehen und auch zurückzustecken, um die Harmonie wiederherzustellen. Irgendwie ist mein Ziel, immer die ›Netteste‹ im Raum zu sein, und mir ist klar, dass ich das ändern muss.«

### Männermacht im Wettbewerb?

Anders als sie sind ihre drei Board-Kollegen sehr wettbewerbsorientiert unterwegs. Positive Selbstdarstellung ist Teil deren DNA, sie steuern ihr Kommunikationsverhalten so, dass es zur Erreichung ihrer eigenen Ziele beiträgt, und gehen dabei strategisch vor. Dazu gehören u. a. das gezielte Knüpfen und Pflegen strategisch wichtiger Kontakte, die positive Beeinflussung der Meinung anderer über sich oder auch ein an der richtigen Stelle angebrachtes Kompliment. Die »Schatztruhe« von Menschen, die den Wettbewerb lieben, ist reichhaltig. Geringe Nachgiebigkeit gehört zu ihrer Persönlichkeit – sie sind rational und treffen Entscheidungen, i. d. R. mit wenig Empathie. Das war nicht Katharinas »Ding« – so wollte sie nicht sein und werden.

Zurück auf Anfang: »Ich bin einfach von klein auf so erzogen worden: bescheiden, zurückhaltend und nur ja nicht auftrumpfen – das ist quasi meine DNA«, berichtete Katharina im ersten Coaching. »Es macht mich rasend, wenn ich dann diese Selbstdarsteller sehe, und ich weiß ganz genau, dass ich im Grunde mehr draufhabe – hasse es aber, mit ›Tata‹ den Raum zu füllen.«

## »Schatzsuche«

Im Online-Coaching gingen wir auf »Schatzsuche«. Auf der Coaching-Plattform konnten wir interaktiv – unterstützt von vielen, wertvollen digitalen Tools – den Suchprozess visuell und auditiv abbilden. Die Kernfrage: »Welche Kompetenzen hat Katharina, die sie dabei unterstützen, sichtbar zu werden und wettbewerbsorientierter aufzutreten – ohne viel ›Tata‹?«

Ihr LPP führte sie auf die Spur. Sie verstand zunächst, wie sie selbst tickt. Ihre klare Ausprägung im Bereich *Kooperation* statt *Wettbewerb* zeigte ihr schwarz auf weiß, dass hohe Bescheidenheit und Nachgiebigkeit Teil ihres Charakters sind. Das passte mit ihrem Verhalten zusammen, zu versuchen, immer die Netteste im Raum zu sein.

Ziel im Coaching war es jetzt, ihr Mindset so zu entwickeln, dass sie – auch unter Druck – in der Lage ist, wettbewerbsorientiert zu handeln und gleichzeitig ihre Persönlichkeit zu bewahren. Dazu analysierten wir im nächsten Schritt ihre 25 Kompetenzen aus dem LPP. Anders als Charaktereigenschaften kann man Kompetenzen jederzeit verändern – das ist die gute Nachricht. So verfügt meine Klientin z. B. über hohe Entscheidungsfähigkeit, Durchsetzungsstärke und Konfliktkompetenz – drei wesentliche Kompetenzen, die eine wertvolle Unterstützung darstellen, für ihr Ziel wettbewerbsorientierter aufzutreten.

*Authentizität als Schlüsselelement für den Erfolg*

In dem gesamten Prozess war es Katharina besonders wichtig, absolut authentisch zu bleiben. Die zentrale Frage hieß: Wie konnte sie jetzt ihre Kompetenzen so einsetzen, dass die Wettbewerbsorientierung gestärkt wird, ohne dass sie ihre Kooperationsleidenschaft verrät?

Die goldene Regel heißt: »Wenn der ›Elefant im Raum‹ steht, stell ihn vor.« »Elefanten im Raum« bezeichnen das Thema, um das es eigentlich geht, was aber in den meisten Fällen nicht angesprochen wird. In Katharinas Fall: ihre nette Art.

Sie lernte »ihren Elefanten« in wichtigen Gesprächen vorzustellen und nutzte dazu ihre Konfliktkompetenz: »Ihr kennt mich lange genug, ich habe eher den Ruf als ›die Nette‹. Mit dem nächsten Thema mache ich mich diesmal eher unbeliebt bei euch ...«

Den »Elefant« zum Sprechen zu bringen, erfordert Mut und Fingerspitzengefühl, ist aber lange nicht so anstrengend, als »Elefanten« immer wieder zu verdrängen. Da Katharina während des Coaching-Prozesses stärkende Kompetenzen, die zu ihr gehören, entdeckt hatte, fiel ihr die Umsetzung in die Praxis leicht. Wunderbarerweise beinhalten die »Elefanten«-Themen häufig wertvolle Potenziale für die Persönlichkeitsentwicklung. Diese »magischen Momente« der Klärung zu erleben, motivierte Katharina jeden Tag aufs Neue für ihre Veränderung. So gelang es ihr, Schritt für Schritt ihren Kollegen mehr auf Augenhöhe zu begegnen.

In den nächsten Wochen begann Katharina zudem die Wahlmöglichkeiten, die sie bezogen auf ihr Verhalten hat, auszuloten. In ihrem Persönlichkeitsprofil entdeckte sie Facetten – wie z. B. ihren ausgeprägten Enthusiasmus, ihre hohe Leistungsorientierung und ihre Ruheorientierung –, die ihrem Potential, auf dem Weg zu ihrem Ziel, wettbewerbsorientierter aufzutreten, noch mehr Schub gaben.

## Kompromiss ist nicht das höchste Gut.

Der »Elefant im Raum« ermöglichte es Katharina, ihre Konfliktfähigkeit stärker auszuleben, und brachte sie zu der Erkenntnis, dass der Kompromiss nicht das höchste Gut ist. Anstatt Erfolge eher zurückhaltend zu kommunizieren, wie sie es zuvor getan hatte, benannte sie jetzt auch ganz offen, wenn ihr etwas gut gelungen war. Sie lernte zudem »Diskurs-Vokabeln« und nahm neue Wörter und Redewendungen in ihren Sprachschatz auf – z. B. zum Thema »Selbstdarstellung«. Ein Satz wie »Ich bin stolz darauf, dass ich …« geht ihr inzwischen locker über die Lippen.

Mit der Zeit erhielt sie immer mehr positive Rückmeldungen von ihren Vorstandskollegen zu ihrer neu gewonnenen Klarheit und der Fähigkeit, Vorhaben auch unter Druck mit Nachdruck durchzusetzen. Katharina lernte so, sich nicht nur in Meetings klar abzugrenzen, und fühlt sich jetzt wohler, wenn es notwendig ist, auch einmal unnachgiebig zu sein.

## Kapitel 50
# Vom Ironman zum Fokusmeister

Mein Klient – Eigentümer einer exklusiven Vermögensverwaltung in Dubai und in seiner Jugend begeisterter Ironman-Sportler – kämpft mit dem Wunsch, mehr fokussierte Zeit in seinen Alltag zu integrieren. In der ersten Session hat er bereits eine wichtige Fokustechnik kennengelernt – die Pomodoro-Technik (25 Minuten offline arbeiten im Wechsel mit Pausenzeiten), die er als »Atomic Habit« in seinen Alltag integrieren will. D. h. über die Implementierung kleinster Verhaltensänderungen, die sich über die Zeit hinweg aufaddieren, eine erhebliche Verbesserung zu erzielen. Trotz dieser »Kleinste-Schritte-Technik« stolpert er immer wieder und fällt in seine gewohnten Muster zurück. In dieser Sitzung nehmen wir eine zweigleisige Strategie in Angriff.

- Zum einen werfen wir einen Blick auf seine Persönlichkeit durchs Schlüsselloch des LPP.
- Zum anderen arbeiten wir daran, einen Identitätsgedanken zu finden, der es ihm ermöglicht, neue Prozesse (Verhaltensweisen) zu verankern, die dann zu greifbaren Resultaten führen.

Durch diese Kombination von Selbstreflexion und bewusster Zielsetzung gelingt es meinem Klienten, Techniken zu finden, um seinen Wunsch nach fokussierter Zeit in seinem Alltag erfolgreich umzusetzen. Wir starten mit der Identität. Los geht's.

## Blick zurück – was hat geklappt?

»Wie ist es Ihnen gelungen, diszipliniert für den Ironman zu trainieren?«, starte ich in die Coaching-Session.

Mit dieser Frage lade ich ihn ein, gute Erfahrungen und Kompetenzen aus der Vergangenheit auf die Gegenwart zu übertragen.

»Ein Kollege hat mir damals einen Floh ins Ohr gesetzt, das war der Auslöser«, beginnt er. »Zuerst war es ein chaotischer Prozess, ich habe gelesen, Laufschuhe gekauft und einfach begonnen. Nach und nach ist es ein strukturiertes Training geworden. Aber die Disziplin, die kam von allein.«

»Und wie hat sich das für Sie angefühlt, als Sie diese Disziplin entwickelt haben?«, will ich von ihm wissen.

»Es war einfach, kein Kampf«, antwortet er. »Ich habe mich nicht gefragt, ich habe es einfach gemacht. Ich habe mich lebendig gefühlt, energiegeladen. Mit den Jahren aber habe ich das natürliche Gefühl, über Grenzen zu gehen, verloren.«

»Okay – wenn Sie auf diese Zeit zurückblicken, was genau vermissen Sie jetzt im Vergleich zu damals?«

»Ich vermisse das Lebensgefühl, das ich damals hatte. Die Energie, die Leichtigkeit, das freie, ungezwungene Gefühl.«

Blick ins Jetzt – was fehlt?

»Aha, das klingt nach einem starken Verlangen. Was genau brauchen Sie, um dieses Gefühl jetzt, in Ihrem aktuellen, sehr hektischen und herausfordernden Leben, wiederzuerwecken?«

Nach einer kurzen Überlegungspause sagt er: »Ich brauche Entspannung und Freiheit im Kopf. Mehr Freiraum schaffen – das wäre ein guter Satz, der mich zieht. Mehr Freiheit für das, was ich wirklich tun will, für das, was mir wirklich wichtig ist.«

## Blick nach vorn – was gibt's zu tun?

»Wunderbar, und wie könnten Sie das konkret umsetzen?«, frage ich weiter, um ihn zur Formulierung von konkreten Aktionsschritten zu ermutigen.

»Ich könnte mir das als Motto aufschreiben und gut sichtbar aufhängen. Als ständige Erinnerung. Zum Beispiel am PC, auf dem Handy, an meiner Bürotür.«

»Klingt nach einer sehr guten Idee«, antworte ich, »und wie fühlt es sich an, wenn Sie diesen Schritt jetzt wirklich direkt starten, um sich mehr Freiraum zu schaffen?«

Seine Augen leuchten.

»Das fühlt sich gut an. Sehr gut sogar. Als ob ich einen neuen Weg beschreite.«

## Positive Erfahrung als Sprungbrett

»Perfekt – nehmen Sie Ihre positive Erfahrung aus der Vergangenheit, und nutzen Sie sie als Sprungbrett für die Zukunft. Es scheint, als hätten Sie bereits Ihren positiven Flow gefunden, der Ihnen dabei hilft, Ihren Weg weiterzugehen. Eine konkrete Action-Idee haben Sie jetzt. Lassen Sie uns jetzt beleuchten, welche Facetten Ihrer Persönlichkeit Sie auf dieser Reise unterstützen.«

Hier die Ergebnisse:

- Seine hohe *Handlungsinnovation* zeigt, dass er Probleme durch kreative Ansätze löst und stets neue Wege sucht. Bei Rückschlägen kann er diese Qualität nutzen, um seine Fokuszeiten zu optimieren. Vielfältige Tools und Methoden, die wir besprochen haben, können hierbei nützlich sein.
- Seine ausgeprägte *Entspanntheit* könnte es ihm schwer machen, den »inneren Schweinehund« ständig zu besiegen. Doch wie beim

Ironman-Training sollte er die Energie aufbringen und seine Grenzen täglich austesten, um dranzubleiben.

- Mit ausgeglichener *Leistungs- und Interessenorientierung* ist er bereit, Opfer für den Erfolg zu bringen und stets an seine Leistungsgrenzen zu gehen. Es ist allerdings herausfordernd, sich für weniger freudige Bereiche zu engagieren. Genau hier liegt gleichzeitig sein Potential für echte Leistungssteigerungen in seinen Coaching-Themen.
- Seine hohe *Prinzipienorientierung* kann er nutzen, um einen »Code of Principles« zu erstellen – klare Regeln für fokussiertes Arbeiten und ausreichende Familienzeit. Die ersten Umsetzungsschritte sind bereits erarbeitet: Etablieren von Fokuszeiten im Büro, Eintragen von Familienzeit in den Kalender und die Trennung von privatem und beruflichem Handy. Der »Code of Principles« wird auf einem DIN-A2-Papier als Wandbild in seinem Büro aufgehängt.

Mit diesen neuen Erkenntnissen und vor allem nun mit seinem starken Identitätsleitsatz »Mehr Freiraum schaffen« vor Augen steht einer erfolgreichen Umsetzung nichts mehr im Weg.

# Kapitel 51
# Von Zweifeln zu Entscheidungen: Ein Manager meistert den Wandel

Als Michael, ein Manager in einem führenden Technologieunternehmen, zu mir ins Coaching kam, brachte er eine Mischung aus Selbstzweifel und dem starken Wunsch nach einem standhafteren und überzeugenderen Auftreten in Diskussionen mit. Seine Offenheit für Veränderung war sofort spürbar, jedoch ebenso seine Unsicherheit, wie er in hitzigen Debatten seine Meinung vertreten sollte.

## Ein Wendepunkt: Die Herausforderung der inneren Stimme

In unseren ersten Sitzungen sprach Michael von nächtlichen Grübeleien, die ihn quälten, weil er seinen Standpunkt nicht ausreichend vertreten hatte. »Ich finde oft nicht sofort ein gutes Argument und stimme dann zu, obwohl ich eigentlich anderer Meinung bin. Und selbst wenn ich das Argument im Kopf habe, spreche ich es nicht aus – ich werde einfach nicht aktiv«, gestand er mir. Dieser innere Konflikt zwischen seinem Bauchgefühl und seiner Passivität machte es ihm schwer, in solchen Situationen seine Position zu behaupten.

### *Die Kraft der Persönlichkeitsanalyse*

Um Michaels Verhalten besser zu verstehen, setzten wir den LINC Personality Profiler ein. Die Analyse offenbarte, dass Michaels hohe soziale Offenheit zwar eine Brücke zu anderen baute, seine niedrige

Dominanz und Aktivität jedoch häufig dazu führten, dass er in Diskussionen eher zurückwich, als offen seine Meinung kundzugeben.

## Vier Top-Strategien für mehr Durchsetzungskraft

Aus Michaels Analyseergebnissen ließen sich Strategien für mehr Durchsetzungskraft ableiten, die nicht nur Michaels Situation verbessert haben, sondern auch anderen Menschen mit vergleichbaren Herausforderungen helfen können, ihre eigenen Fähigkeiten zu stärken und effektiver zu agieren. Diese Strategien zielen darauf ab, das Selbstbewusstsein zu fördern, kommunikative Fähigkeiten zu verbessern und den Umgang mit Konflikten zu optimieren.

*Niedriges Aktivitätsniveau*
Michaels LINC Personality Profiler zeigte klar, dass er ein sehr niedriges Aktivitätsniveau hat. Er geht Aufgaben gerne in Ruhe nach.

Michael erkannte für sich: »Genau das hindert mich oft daran, etwas zu sagen bzw. aktiv zu werden und ein Argument vorzutragen. Ich ziehe die Ruhe der Konfrontation vor.«

Daraufhin wollte ich von ihm wissen: »Was wäre ein kleiner Schritt, der Sie dabei unterstützen würde, in der Sekunde, in der der Gedanke ›inaktiv‹ bleibt, doch aktiv zu werden?«

Er dachte nach, konnte aber keine konkrete Handlung finden, die ihm dabei helfen würde.

Also schlug ich ihm eine bewährte Technik vor: »Was halten Sie davon, Sie kleben ab sofort ein Post-it an Ihren Computer mit zwei Wörtern: WERDE AKTIV! Als permanente Erinnerung daran, aktiv zu werden und als Sicherheitsnetz, dass Sie sich in Zukunft darauf verlassen können, ›aktiv‹ zu werden? Entscheidend ist, dass Sie das ›Aktivwerden‹ täglich trainieren. Beobachten Sie sich dazu im ersten Schritt selbst. Wann genau bleiben Sie passiv? Wo ist der Moment zwischen Reiz und Reaktion, in dem Sie Aktivität brauchen?«

Die Idee hatte Michaels Neugier geweckt: »Das klingt nach einer praktischen Methode. Ich versuche es einfach mal und werde ja schnell merken, inwieweit mich der Post-it motivieren kann, aktiv zu werden.«

### *Hohe Leistungsorientierung*

Eine hohe Leistungsorientierung ist eine weitere Facette von Michaels Persönlichkeit. Das bedeutet, dass er effizient und strategisch agiert, was ihm hilft, in seinem beruflichen Alltag beständig und zielstrebig zu sein (in Aktionismus verfällt er dabei – schon aufgrund seines niedrigen Aktivitätsniveaus – nie). Sein Motto ist: Minimaler Aufwand, maximale Wirkung. Und doch liegt in genau dieser Maxime eine weitere Chance, aktiver zu werden: Seine hohe Leistungsorientierung kann er nutzen, die besten Ergebnisse auch dadurch zu erzielen, dass er in Diskussionen standhaft bleibt. Ein Watch-out, das ich in diesem Zusammenhang mit Michael besprach: Seine starke Fokussierung auf Leistung könnte die notwendige Flexibilität einschränken, um Entscheidungsprozesse im Team erfolgreich zu führen.

Diese Balance zu finden, war ein wesentlicher Teil des Coaching-Prozesses. Im ersten Schritt lernte Michael, Reflexionspausen vor wichtigen Meetings einzuplanen. Diese Pausen nutzt er fortan, um seine Prioritäten zu überdenken und sicherzustellen, dass er alle Perspektiven berücksichtigt. Zudem begann er, regelmäßiges Feedback von Teammitgliedern einzuholen, um seine Herangehensweise zu kalibrieren und kreative Lösungen zu fördern. Dies kann zudem helfen, dass das Team sein niedriges Aktivitätsniveau in einer zurückliegenden Diskussion besser nachvollziehen und ihn zukünftig aktiv unterstützen kann.

### *Niedrige Dominanz*

Michaels niedriger Dominanzanteil trägt zu einem kooperativen und harmonischen Arbeitsumfeld bei. Allerdings leidet er in vielen Situationen darunter, dass ihm die Durchsetzungskraft fehlt. Wir arbeiteten im Coaching gemeinsam daran, seinen Dominanzanteil zu stärken, um einen standhafteren Auftritt zu gewährleisten.

Ein praktischer Ansatz hierfür war das Training von Stimme und Blickkontakt, um Autorität auszustrahlen und die Überzeugungskraft seiner Argumente zu steigern. Unabhängig davon hat schon die Erkenntnis dieser Facette ihm geholfen, sich weniger hilflos zu fühlen.

*Gemäßigter Enthusiasmus*

Michael hat oft sehr gute Argumente, behält diese jedoch aufgrund seiner Innenorientierung und seines gemäßigten Enthusiasmus häufig für sich. Um seine Standhaftigkeit zu stärken, ermutigte ich ihn, sein Gegenüber für seine Positionen zu begeistern.

Im Coaching schloss er mit sich einen einfachen und zugleich wirkungsvollen Vertrag: Ab sofort formuliert er in jedem Gespräch mindestens einen motivierenden Satz, der sein Gegenüber inspiriert, z.B. über eines seiner Argumente aus einem neuen Blickwinkel nachzudenken.

## Stärkung der Beziehungskompetenz

Neben seinen Charaktereigenschaften spielt Michaels starkes Beziehungsmotiv eine zentrale Rolle bei seiner Herausforderung, in schwierigen Gesprächen standhaft zu bleiben. Er schätzt zwischenmenschliche Beziehungen und die Harmonie innerhalb seines Teams sehr, was sein Verhalten erheblich beeinflusst – besonders bei komplexen und konfliktreichen Entscheidungen.

Im Coaching machte Michael sich bewusst, dass zu viel Harmoniestreben die Wirksamkeit seiner Führungsrolle einschränken kann, wie er in der Vergangenheit selbst oft erfahren musste. Im Coaching erarbeitete er, dass er in Zukunft seine Meinung offen vertritt, auch wenn es um kontroverse Standpunkte geht. Dies wird ihm helfen, seine Standhaftigkeit und Überzeugungsfähigkeit in Diskussionen zu stärken. Zugleich wird es dem Team die Chance eröffnen, ihm zu zeigen, dass Stärkung seiner Führungskompetenzen durchaus mit Festigung von Beziehung einhergehen kann.

*Beziehungsmotiv als strategisches Asset*
Sein maximales Beziehungsmotiv ist in vielerlei Hinsicht durchaus ein großes Asset. Im Coaching arbeiteten wir heraus, dass er es v.a. nutzen kann, um wichtige Entscheidungen sorgfältig vorzubereiten. Dabei spielt das Stakeholder-Management eine Schlüsselrolle. Michael lernte dafür, seine Beziehungsfähigkeiten strategisch einzusetzen, um ein umfangreiches soziales Netzwerk aufzubauen. Dieses Netzwerk wird ihn sowohl dabei unterstützen, seine Standpunkte effizient zu verbreiten und Unterstützung zu gewinnen, als auch eine vertrauensvolle Kommunikation und eine produktive Zusammenarbeit im Team fördern.

*Vertrauen und klare Kommunikation*
Zusätzlich ermutigte ich Michael, seine Fürsorge und Beziehungspflege zu nutzen, um klares und konstruktives Feedback zu geben. Denn wahre Fürsorge zeigt sich **nicht** darin, Konflikte zu vermeiden, sondern darin, ehrliches und unterstützendes Feedback zu geben, das die persönliche und berufliche Entwicklung seiner Teammitglieder fördert.

## Erste Erfolge und neue Wege

Durch gezieltes Training und die bewusste Vorbereitung auf schwierige Gespräche konnte Michael seine Durchsetzungsfähigkeit erheblich steigern. Er lernte, seine Meinung in Meetings klar zu äußern und sich nicht von seiner Harmoniesucht leiten zu lassen, die ihm oft im Weg stand.

»Ich habe gelernt, meine soziale Offenheit zu nutzen, um Beziehungen aufzubauen, die es mir erlauben, auch unpopuläre Standpunkte zu vertreten«, reflektierte Michael.

## Blick nach vorn: Ein kontinuierlicher Prozess

Michaels Reise zur Selbstsicherheit ist ein lebendiger Prozess. Jeder Tag bietet ihm neue Gelegenheiten, das Gelernte anzuwenden und seine neu gewonnenen Fähigkeiten zu festigen. Seine Entwicklung vom Selbstzweifel zur Selbstsicherheit inspiriert nicht nur ihn, sondern auch sein Team, das von seinem neuen, selbstbewussten Auftreten profitiert. Im Team zeigt sich dies durch eine gesteigerte Motivation und Kooperation, da Michaels Klarheit und neue Verbindlichkeit in der Kommunikation ansteckend wirkt und eine offene, unterstützende Kommunikationskultur fördert.

# Kapitel 52
# Anleitung zum Mars: Mein Transformationscoaching-Programm

Sie sind immer noch da?! Dann verständigen wir uns ab sofort darauf, dass Sie die Palme hinter sich gelassen haben, Ihre persönliche »Mission Mars« verfolgen und ihr die besten Erfolgsaussichten verschaffen wollen!

Eine Marsmission kann nur gelingen, wenn sie sorgfältig vorbereitet wird. Wie vielschichtig dieser Prozess sein kann, haben Sie anhand der vielen unterschiedlichen Erfahrungsberichte aus meinem »Maschinenraum« des Transformationscoaching erfahren. Der Transformationsprozess, den ich auf Basis meiner inzwischen über 20-jährigen Erfahrung entwickelt habe, ist – so drücken es zahlreiche Feedbacks aus – »besonders«.

Ich persönlich möchte ergänzen: Er ist in jedem Fall individuell und herausfordernd, überraschend und erkenntnisreich, vor allem aber immer so erfolgreich, wie Sie es wollen – wenn Sie die Entscheidung treffen!

## Nachhaltigkeit und Commitment

Was macht aber nun mein »Mars-Coaching« aus? Statt *»schneller, höher, weiter«* bilden *Nachhaltigkeit* und *Commitment* die Leitlinien für mein Transformationscoaching-Konzept. Nachhaltigkeit, verbunden mit hoher Selbstverantwortung. Denn alles beginnt bei uns selbst.

Schon Gandhi hat gesagt: »Sei du selbst die Veränderung, die du dir wünschst für diese Welt.«

Für die Praxis heißt das: Transformation im Unternehmen gelingt nur auf Basis der persönlichen Transformation der handelnden Personen.

**Mein Grundprinzip** lautet daher:

- **Lead yourself.**
- **Lead your team.**
- **Lead your company.**

Jeder Transformationsprozess startet mit der persönlichen Transformation: Lead yourself first. Davon bin ich zutiefst überzeugt.

**Drei Grundpfeiler** sorgen für Nachhaltigkeit:

- **Vorbereitung**
- **Coaching**
- **Nachbereitung**

Hinter diesem einfach klingenden Dreiklang steckt ein ausgeklügeltes und hocheffektives System, zu dem mich u. a. der leider viel zu früh verstorbene, ehemalige Chefcoach von Google, David Peterson, inspiriert hat, der mich in seiner Mastermind-Gruppe zusammen mit 100 anderen Executive Coaches aus aller Welt über zwei Jahre (2020–2022) begleitet hat. Im Vordergrund steht immer die Individualität. Gesetzt ist »nur« der Rahmen, der jeweils eine intensive Vor- und Nacharbeit/Reflexion beinhaltet – unabhängig davon, ob ich eine Stunde oder 50 Stunden mit einem Klienten arbeite.

Warum braucht es diesen Rahmen? Der eigentliche Veränderungsprozess startet bereits vor der Coaching-Session mit Selbstreflexion, die ich in Form eines Pre-Coachings für meine Klienten entwickele. Nach einer Coaching-Session geht es für jeden darum, die neu gelernten Fähigkeiten im realen Leben einzusetzen, wie z. B. aktives Zuhören, Delegieren, Beachten der Hinterbühne in der Kommunikation. Doch wie gelingt es, das wirklich – nachhaltig – zu tun? Wo findet das eigentliche Lernen statt? Im Alltag! Daher habe ich eine ausgefeilte Alltagsbegleitung in mein Konzept integriert, die das Commitment meiner Klienten einfordert und gleichzeitig optimal unterstützt.

*Der Start – mit dem LPP das Fundament legen*

Nach einer intensiven Auftragsklärung folgt immer der LPP (siehe Kapitel 3): eine innovative, KI-basierte Persönlichkeitsanalyse, die die Grundlage für die Selbstreflexion bildet. Diese Auswertung Ihres Charakters, Ihrer Motive und Kompetenzen bildet den Ausgangspunkt für unser Eintauchen in den Coaching- und/oder Transformationsprozess. Der LPP bildet den maßgeschneiderten Rahmen, der es uns ermöglicht, Ihr Entwicklungspotential zu identifizieren und Lösungen zu definieren.

*Mehrwert*: individuelle Ausrichtung des Coachings auf den Klienten und seine Bedürfnisse.

*Vor jeder Session – ohne Fleiß kein Preis*

Egal, ob eine Stunde oder ein Intensivtag – jeder Klient erhält Fragensets für eine ausführliche Vorbereitung (Pre-Coaching). Darin sind auf das individuelle Ziel hin abgestimmte, fokussierte Reflexionsfragen enthalten. Je nach Prozess erhalten Sie ein oder mehrere Fragensets.

*Mehrwert:* intensive Vorbereitung und Zielorientierung zur Maximierung der Coaching-Effektivität.

*Face-to-face-Coaching – der Wahrheit ins Gesicht schauen*

Die Länge variiert zwischen einer Stunde bis hin zum Intensivtag (sechs Stunden). Sie nehmen sich (endlich) Zeit, erst einmal alle Themen loszuwerden, der Rahmen ist entspannt und bietet optimale Bedingungen für einen effektiven Reflexions- und Erkenntnisprozess.

Das Ergebnis sind konkrete, in der Praxis sofort einsetzbare Handlungsoptionen für Ihren Alltag.

In den vorangegangenen Kapiteln haben Sie viele Beispiele gelesen, die Ausschnitte beschreiben, welche Ziele ein Kunde am Intensivtag erreicht hat und welche praktischen Maßnahmen zur Zielerreichung geführt haben. Die am Intensivtag erarbeiteten Inhalte erhalten Sie als Klient dann zusammengefasst in einer ausführlichen Coaching-Dokumentation.

Der Intensivtag bietet für Sie die Chance, konzentriert einen großen Schritt in Richtung der eigenen Ziele zu machen. Es ist eine Investition in die eigene Persönlichkeit, die sich in Form von Wachstum und Erfolg auszahlt.

- Sie verstehen, wie Ihre Persönlichkeit strukturiert ist und aus welchen Bausteinen sie besteht.
- Sie reflektieren Ihre Persönlichkeit – im besten Fall mit Unterstützung Ihres Umfeldes aus einer 360-Grad-Perspektive.
- Sie verstehen, mit welchen Persönlichkeitsanteilen Sie sich selbst im Weg stehen und sich das Leben schwer machen, und entwickeln praxisnahe Lösungen.
- Sie entwickeln neue Strategien, um anstehende Herausforderungen mit Leichtigkeit zu meistern.
- Sie erarbeiten einen konkreten Umsetzungsplan für Ihre formulierten Ziele.

*Mehrwert:* intensive und tiefe Auseinandersetzung mit den eigenen Themen, um effektive Lösungen zu erarbeiten.

*Action – Reflection = nachhaltiges Commitment*

Das Herzstück ist der schriftliche Action-Reflection-Prozess, der die persönlichen Coaching-Sessions einrahmt und nach jeder Session startet. Persönliche Entwicklung braucht Einsicht, Motivation, Fähigkeiten, reale Praxis und Selbstverantwortung! Denn die eigentliche

Arbeit sind die konkreten Schritte, die Sie nach der Coaching-Session tatsächlich nachhaltig in Ihrem Alltag umsetzen. Nicht nur in der ersten Woche nach dem Coaching, sondern in den Wochen, Monaten, ja sogar Jahren danach – so definiere ich Nachhaltigkeit.

Um das zu erreichen, zählt vor allem eines: Dranbleiben an den Veränderungsschritten. Greifbare, nachhaltige Ergebnisse gibt es nur dann, wenn Sie das Gelernte aktiv in Ihren Alltag mitnehmen, was dann den Unterschied zu vorher macht. Das ist es, was zählt. Der Schlüssel dazu ist der Action-Reflection-Prozess, der das Coaching einrahmt und in dem die im Coaching neu entwickelten Fähigkeiten/ Veränderungen auf die reale Welt – den Alltag – übertragen werden: der eigentliche Schlüssel zum Erfolg.

- **Action:** Dafür identifizieren wir Ihre Entwicklungsfelder und entwickeln dann im Verlauf der Zusammenarbeit – während der Coaching-Sessions und/oder während der Aktionsphase – Ihren Aktionsplan. Warum mir der so wichtig ist?

Das Erwachen nach einer erfolgreichen Coaching-Session im Alltag ist oft frustrierend, wenn es keinen konkreten, leicht nachvollziehbaren Umsetzungsplan gibt. Im Alltag hat jeder seine eigene Agenda – Emotionen und Trigger kommen ins Spiel –, es bleibt vielleicht wenig Zeit zum Nachdenken, und niemand belohnt Sie für das Ausprobieren Ihres neuen Verhaltens. Im Gegenteil – oftmals dauert es, bis die Veränderung auch von anderen wertschätzend wahrgenommen wird. Erfolgreiches Lernen während der Coaching-Sitzung bedeutet nicht gleich erfolgreiche Umsetzung im Leben, im Alltag; beide finden in unterschiedlichen Umgebungen statt.

Deshalb ist es meine Aufgabe, meinen Klienten Fähigkeiten und Werkzeuge in Kontexten zu vermitteln, die im Alltag funktionieren und zugleich die chaotische Komplexität der realen Welt widerspiegeln.

*Mehrwert:* Transfer der erarbeiteten Lösungen in den Alltag durch praxisnahe Methoden und Werkzeuge.

- **Reflection:** Bei der Reflexion geht es immer darum, Ihre Aktionen zu reflektieren und so den maximalen Lerneffekt zu erzielen: Ursache und Wirkung entschlüsseln, zugrundeliegende Muster identifizieren, Hypothesen aufstellen. Den Lernerfolg können Sie maximieren, indem Sie die Anzahl der Reflexionszyklen erhöhen – bis an den Rand Ihrer Komfortzone. Kein Komfort in der Lernzone. Kein Lernen in der Komfortzone.

*Wieder alles auf Anfang – auf dem nächsten Level*
Im Anschluss startet wieder die Vorbereitungsphase für die nächste Coaching-Session und daran anschließend wieder der Action-Reflection-Prozess usw.

*Mehrwert:* nachhaltige Verankerung der Veränderungsschritte in der Alltagsrealität und kontinuierliche Anpassung des Coachings an den individuellen Entwicklungsprozess.

Insgesamt entsteht so ein strategischer Prozess, der durch Ihr Engagement und Ihre Bereitschaft zur Veränderung angetrieben wird. Je mehr Sie Ihre natürlichen Ressourcen nutzen, desto eher wird es Ihnen gelingen, sich selbst, Ihr Team und/oder Ihre Firma zu verändern. Ich nenne dies »sich selbst führen«, denn es ist ein wesentlicher Bestandteil, um die Persönlichkeit zu werden, die Sie sein wollen.

*Wenn Sie gelernt haben, sich selbst erfolgreich zu führen, verfügen Sie über ausreichend Rüstzeug für Ihre ganz persönliche Reise zum Mars.*

Ich habe in über 20 Jahren viele Menschen begleitet. Manche hatten ihre persönliche Marsmission klar vor Augen – für andere stand der Weg »runter von der Palme« (noch) im Fokus. Immer ging und geht es darum, den eigenen Kompass zu justieren – einen Nordstern für sich selbst zu finden, um den richtigen Weg zum Ziel einzuschlagen. Der Schlüssel, die eigenen, persönlichen Ziele zu erreichen, liegt immer im nächsten Schritt.

Erinnern Sie sich an die Marathonläuferin Joan Benoit Samuelson, die ich in Kapitel 11 erwähnte? Genau darum geht es auch in meinen Transformationsprozessen. Gemeinsam mit meinen Klienten legen wir Ziele fest, die herausfordernd und doch erreichbar sind, inspirierend, ohne erdrückend zu sein, Ziele, die Sie antreiben, schneller zu werden, ohne Sie zu erschöpfen.

Wenn Sie nun sagen: »Das ist genau, wonach ich immer gesucht habe!« Oder: »Endlich jemand, der sich wirklich an meine Seite stellt und mich so unterstützt, wie es meinen Möglichkeiten entspricht!«. Dann melden Sie sich gerne mit Ihrer ganz persönlichen Marsmission!

# Kapitel 53
# Take-off zum Mars

Was glauben Sie nach der Lektüre dieses Buches: Hat Coaching schon jetzt das Zeug, Sie auf Ihrer Marsmission zu begleiten?

Ich bin davon überzeugt, dass die Zukunft des Coachings selbst einer Marsmission gleicht. Die fortschreitende Digitalisierung und die zunehmende Verwendung von Technologie werden Coaching prägen. ChatGPT hat innerhalb kürzester Zeit die Welt verändert – es wird in Zukunft auch Coaching-Prozesse beeinflussen. Künstliche Intelligenz (KI) und Machine Learning (ML) sind nur zwei Schlagworte, die schon länger Einzug in Beratungs- und Coaching-Prozesse halten.

KI wird personalisierte Erfahrungen ermöglichen und schnellere, präzisere und effektivere Feedback-Systeme bieten. Chatbots werden eine wichtige Rolle spielen, um Beratungs- und Coaching-Services kostengünstiger und für jeden zugänglich zu machen. Ein wesentlicher Trumpf in Zeiten, in denen Verunsicherung den Alltag bestimmt und viele Menschen Unterstützung suchen. Gamification wird im Coaching zunehmend eingesetzt werden, um den Prozess ansprechender und interaktiver zu gestalten u. v. m.

## Der Mensch (bleibt) im Mittelpunkt

Dabei bleibt der Mensch mehr denn je ein unverzichtbarer Vorteil für den Coaching-Prozess. Menschliche Empathie und emotionale Intelligenz sind entscheidend, insbesondere bei komplexen und schwierigen Fragestellungen – davon bin ich überzeugt.

Kurzum: Die Zukunft des Coachings wird stark durch künstliche Intelligenz (KI) beeinflusst werden. Zugleich sehe ich Herausforderungen hinsichtlich Datenschutz, möglichen Missbrauchs und natürlich auch der Haftung bei Fehlberatungen durch KI. Zudem frage ich mich, ob Menschen wirklich bereit sein werden, sich von einem KI-Avatar coachen zu lassen. Trotz dieser Herausforderungen könnten KI-Systeme die Arbeit von Coaches durch sinnvolle Vorschläge, Visualisierungshilfen und Unterstützung in kreativen Prozessen ergänzen. Die Integration von KI ins Coaching ist eine Art Marsmission an sich – eine Reise ins Unbekannte mit potenziellen Hürden und spannenden Möglichkeiten.

Ziel darf es sein, eine Symbiose zwischen menschlicher Interaktion und Technologie zu schaffen. Die Branche muss Innovationen und Fortschritte verfolgen und gleichzeitig sicherstellen, dass sie ethische und menschliche Werte im Fokus behält. Eine intelligente Verbindung von Technologie und menschlicher Empathie ermöglicht dann vielleicht sogar die Landung auf dem Mars.

Auf dem Weg dorthin empfehle ich Ihnen die »Trial-and-Error«-Strategie, die auch Elon Musk für seine Marsmission nutzt: Den »gescheiterten« ersten Start der »SpaceX«-Rakete im April 2023 feierte er mit seinem Team als Erfolg (was angesichts eines »nur« finanziellen Verlustes der richtige Blick auf das Ereignis war). Statt »auf seiner Palme zu hocken« und seine Ingenieure ewig lang im Vorfeld analysieren und simulieren zu lassen, folgt Elon Musk dem Prinzip »Trial and Error«. Er nimmt Fehlschläge bewusst in Kauf. Die Rakete ist voll ausgestattet mit Sensoren (wie wir Menschen!), sodass die Ingenieure am Ende genau analysieren können, was schiefgelaufen ist (das können wir auch erkunden, vorausgesetzt, wir sind bereit zu reflektieren) – dadurch wird der Lernprozess extrem beschleunigt (wie bei uns Menschen).

Diese Philosophie empfehle auch ich Ihnen, wenn Sie den Mars erreichen wollen. Nutzen Sie Ihre ganz persönlichen Sensoren – lernen Sie sich ihrer selbst bewusst zu werden, Fehler zu erkennen und daraus abgeleitete Veränderungen konsequent umzusetzen. Ein Garant für raketenschnelle Erfolge!

Kommen wir zurück vom Mars auf die Erde – ins Hier und Jetzt. Viele Veränderungen im Kleinen führen zu größeren und ziehen Kreise. Anders als der Stein, der ins Wasser fällt und dessen Wellen verebben, verhelfe ich Menschen zu nachhaltiger Veränderung. Warum ich das kann? Weil ich über mehr als 30 Jahre Business- und mehr als 50 Jahre Lebenserfahrung verfüge, in denen ich ein Füllhorn an Veränderungen selbst durchlebt, vor allem aber immer wieder selbst initiiert habe. Warum ich so erfolgreich bin? Weil ich den klassischen Beratungsansatz zu Veränderungsmanagement mit meiner Erfahrung verknüpfe und den Menschen mit seiner individuellen Persönlichkeit in den Mittelpunkt stelle.

*Der Mensch ist die Quelle aller Veränderungen,*
*die er sich wünscht, und so arbeite ich.*

Und vielleicht bewirken die Geschichten in diesem Buch ja eine kleine Veränderung in Ihrem Leben, runter von der Palme hin zu Ihrer ganz persönlichen Marsmission.

# Danksagung

Mit großer Dankbarkeit möchte ich mich am Ende meines Buches bei all denen bedanken, die diese Reise überhaupt erst ermöglicht haben.

Mein besonderer Dank gilt *meinen Klienten*, jedem Einzelnen von ihnen, für ihr immenses Vertrauen, ihre Offenheit und ihre Bereitschaft, Veränderungen zuzulassen. Mein Wissen über Strategie und unternehmerische Entscheidungen basiert auch auf meiner Erfahrung aus den Tausenden Stunden von Gesprächen, die ich mit ihnen führen durfte. Ihr immer wieder unfassbar positives Feedback zu meinen Coachings inspiriert mich, spornt mich an und trägt maßgeblich dazu bei, dass ich meine beste Leistung abliefern kann.

In großer Dankbarkeit erinnere ich mich an *David B. Peterson*, ehemaliger Chefcoach bei Google, der 2023 viel zu früh verstorben ist. Ich hatte das große Privileg, Teil seiner internationalen Mastermind-Gruppe zu sein, die er über zwei Jahre hinweg führte und in die ich zusammen mit nur 100 weiteren Executive Coaches aus aller Welt ausgewählt wurde. Der persönliche Austausch mit David und seiner Mastermind-Gruppe hat mein Coaching auf ein neues Level gehoben. Sein Einfluss und seine Lehren bleiben unersetzlich und leben auch in meiner Arbeit weiter.

Ebenso danke ich *Pratt Bennet*, Executive Coach aus Boston, meinem Buddy aus der Mastermind-Gruppe, für seine außergewöhnliche Coaching-Kompetenz und Klarheit. Unsere Sparring-Sessions, in denen wir uns weiterhin regelmäßig auf höchstem Niveau herausfordern, sind ein unschätzbarer Mehrwert für meine Coachings.

Der größte Dank gilt meiner Schwester *Claudia Segschneider-Neitzel*, mit der ich vor fünf Jahren im »Sistersact«-Gedanken eine

Beratungsgesellschaft gegründet habe. Als Führungskraft in den Strategiedialog der Zurich Versicherung eingebunden hat sie tiefen Einblick in die tägliche Praxis, wie Transformation gelingt. Als Syndikusrechtsanwältin denkt sie analytisch und unternehmerisch-strukturiert, hochkreativ und immer über den Tellerrand hinaus. Als meine Schwester ist sie unerbittlich im Feedback, fordert mich heraus, und gemeinsam sind wir ein unschlagbares Team für unsere Klienten. Ihr außerordentlich präziser und zugleich inhaltsstarker Blick auf dieses Buch hat es zu dem gemacht, was es ist! Ihre Schlussredaktion war ›the cherry on the cake‹, der aus einem sehr guten ein exzellentes Ergebnis gemacht hat. Unser Vier-Augen-Prinzip, das auf tiefstem Vertrauen basiert, ist ein wesentlicher Pfeiler auch meines Erfolgs und der unzähligen Erfolge meiner Klienten.

Ein herzliches Dankeschön möchte ich *meinen »Männern«* aussprechen. Meinem Mann *Peter* für sein wertvolles Feedback und seine liebevolle Unterstützung bei meinem nunmehr siebten Buch. Meinem Sohn *Constantin* (24 Jahre), der mit seiner Klarheit und Direktheit und seinem außergewöhnlichen Gespür für Persönlichkeitsthemen für mich nicht trotz seiner Jugend, sondern gerade deshalb ein wichtiger Support ist. Und *Nicolas*, mein Jüngster (21 Jahre): Sein Satz »Mutti, ich denke immer bis zum Mars, damit ich beim Mond ankomme« hat mich zu diesem Titel inspiriert. Die täglichen Gespräche mit ihm – über Physik, Philosophie und Persönlichkeit – sind prägend – für ihn und für mich.

Abschließend möchte ich *meinen Eltern* danken. Meinem Vater, der vor 40 Jahren viel zu früh verstorben ist und von dem ich mein unternehmerisches Gespür und meine mittelständische DNA geerbt habe. Und meiner Mutter, die für mich der wahrscheinlich beste Coach ihrer Generation ist, einfach von Natur aus! Von ihr habe ich diese Gene!

Danke an alle für eure Unterstützung, euer Vertrauen und eure Beiträge zu meinem Buch. Nur mit euch ist diese »Mission Mensch« möglich gewesen und Realität geworden.

# Literaturverzeichnis

*Dieses Buch wurde unter Berücksichtigung und Einbeziehung verschiedener literarischer Werke und Quellen verfasst. Um den Lesefluss nicht zu unterbrechen, wurde auf spezifische Quellenangaben im Text verzichtet. Die nachfolgende Liste enthält die Hauptwerke und Quellen, die für die Erstellung dieses Buches herangezogen wurden.*

## Bücher


1. Bandura, Albert. (1986). Social Foundations of Thought and Action. Prentice Hall.
2. Bauer, Joachim. (2015). Selbststeuerung – Die Wiederentdeckung des freien Willens. Blessing.
3. Brown, Brené. (2017). Verletzlichkeit macht stark. Goldmann.
4. Burley-Allen, Madelyn.(1995). Listening – The Forgotten Skill. John Wiley & Sons, Inc.
5. Covey, Stephen M.R. (2022). Schnelligkeit durch Vertrauen. FranklinCovey; Gabal.
6. Davidson, Richard & Begley, Sharon. (2012). Warum wir fühlen, wie wir fühlen. Arkana.
7. Dehner, Ulrich & Dehner, Renate. (2016). IntrovisionsCoaching. Edition Training Aktuell. ManagerSeminare.
8. Esch, T. & Esch, S.M. (2013). Stressbewältigung mithilfe der Mind-Body-Medizin: Trainingsmanual zur Integrativen Gesundheitsförderung. Berlin: Medizinisch Wissenschaftliche Verlagsgesellschaft.
9. Flaherty, James. (2010). Coaching: Evoking Excellence in Others. Butterworth-Heinemann.

10. Fox, Erica Ariel. (2013). Winning from within – A Breakthrough Method for Leading, Living, and Lasting Change. Harper Business; International Edition.
11. Gallwey, W. Timothy. (2000). The Inner Game of Work. Random House Business.
12. Goldsmith, Marshall. (2015). Triggers: Creating Behavior That Lasts – Becoming the Person You Want to Be. Crown Business.
13. Goleman, Daniel. (1998). Working with Emotional Intelligence. Bantam Books.
14. Hewlett, Sylvia Ann. (2014). Executive Presence – The Missing Link Between Merit and Success. Harper Business; Illustrated Edition.
15. Hüther, Gerald. (2009). Wie gehirngerechte Führung funktioniert – Neuobiologie für Manager. In: managerSeminare, Januar 2009, Heft 130, S. 30-34.
16. Hüther, Gerald. (2013). Was wir sind und was wir sein können. Rowohlt.
17. Iger, Robert. (2019). The Ride of a Lifetime. Random House; INT Edition.
18. Jochen Peter Breuer und Pierre Frot, (2010). Das emotionale Unternehmen: Mental starke Organisationen entwickeln – Emotionale Viren aufspüren und behandeln, Gabler Verlag.
19. Kahnemann, Daniel. (2016). Schnelles Denken, langsames Denken. Siedler Verlag.
20. Kegan, Robert & Lahey, Lisa Laskow. (2009). Immunity to Change: How to Overcome It and Unlock the Potential in Yourself and Your Organization. Harvard Business Press.
21. Kotter, John P. (2015). Accelerate: Strategischen Herausforderungen schnell, agil und kreativ begegnen. Vahlen.
22. Kouzes, James M. & Posner, Barry Z. (2012). The Leadership Challenge: How to Make Extraordinary Things Happen in Organizations. Jossey-Bass.
23. Linden, David J. (2011). Das Gehirn – Ein Unfall der Natur. Rowohlt.

24. Monyer, Hannah & Gessmann, Martin. (2015). Das geniale Gedächtnis. Knaus.
25. O'Neill, Mary Beth. (2007). Executive Coaching with Backbone and Heart: A Systems Approach to Engaging Leaders with Their Challenges. Jossey-Bass.
26. Peterson, D.B. (2002). Management development: Coaching and mentoring programs. In K. Kraiger (Ed.), Creating, Implementing, and Managing Effective Training and Development: State-of-the-art Lessons for Practice (pp. 160-191). San Francisco: Jossey-Bass.
27. Peterson, D.B. (2010). Executive coaching: A critical review and recommendations for advancing the practice. In S. Zedeck (Ed.), APA Handbook of Industrial and Organizational Psychology: Vol. 2, Selecting and Developing Members for the Organization. Washington, DC: American Psychological Association.
28. Polenski, Hinnerk. (2010). Die Linie im Chaos – Zen, Ethik, Leadership – Ein Leitfaden für Verantwortungsträger. Theseus.
29. Popper, Karl R. (1996). Alles Leben ist Problemlösen: Über Erkenntnis, Geschichte und Politik. Piper.
30. Rennschuh, Helmut. (2013). Innehalten – Eine Anstiftung zur Entschleunigung. Kamphausen Media GmbH.
31. Rogers, Carl. (1983). Die klientenzentrierte Gesprächspsychotherapie. Fischer.
32. Rogers, Carl. (2018). Entwicklung der Persönlichkeit (Konzepte der Humanwissenschaften): Psychotherapie aus der Sicht eines Therapeuten; Klett-Cotta.
33. Roth, Gerhard. (1996). Das Gehirn und seine Wirklichkeit: Kognitive Neurobiologie und ihre philosophischen Konsequenzen. Suhrkamp.
34. Schein, Edgar H. (2010). Organizational Culture and Leadership. Jossey-Bass.
35. Segschneider, Dorette. (2016). Balanceakt Compliance. FAZ Buchverlag.
36. Segschneider, Dorette. (2014). Glück. Macht. Erfolg. FAZ Buch & NZZ.

37. Siegel, Daniel J. (2012). Mindsight – Die neue Wissenschaft der persönlichen Transformation. Goldmann.
38. Sinclair, Dr. Michael & Seidel, Josie. (2016). Working with Mindfulness. Transatlantic Publications.
39. Stahl, Stefanie. (2022). Wer wir sind: Wie wir wahrnehmen, fühlen und lieben – Alles, was Sie über Psychologie wissen sollten; kailash.
40. Stahl, Stefanie. (2020). So stärken Sie Ihr Selbstwertgefühl: Damit das Leben einfach wird, kailash.
41. Starker, Vera und Matthias Schneider. (2020). Endlich wieder konzentriert arbeiten. Rossberg.
42. Stout Rostron, Sunny. (2014). Leadership Coaching for Results: Cutting-edge practices for coach and client. Knowledge Resources.
43. Underhill, Brian O. et al. (2016). Executive Coaching for Results: The Definitive Guide to Developing Organizational Leaders. Berrett-Koehler Publishers.
44. Watzlawick, Paul. (2006). Wenn du mich wirklich liebtest, würdest du gern Knoblauch essen. Piper.
45. Watson, Gay. (2017). Attention – Beyond Mindfulness. Reaktion Books.
46. Whitworth, Laura et al. (2007). Co-Active Coaching: New Skills for Coaching People Toward Success in Work and Life. Davies-Black Publishing.
47. Wohlgemuth, Christina. (2022). Selbstführung für Leader. Vahlen.
48. Ziegler, Rolf. (2016). Affektlogik: Über die Struktur der Psyche und ihre Entwicklung, Klett-Cotta.

## Online-Ressourcen

1. LINC Institute Blog: https://linc.de/blog/https://linc.de/faszination-persoenlichkeit/https://linc.de/coaching-und-ki-welche-auswirkungen-hat-der-einsatz-auf-coaching/
2. The Alchemy of Coaching: https://static1.squarespace.com/static/59d008f3a9db094fd50abf86/t/59e815cd64b-

05f0af8080bff/1508382158149/__Peterson+%26+-Millier+2005+-+Alchemy+of+Coaching.pdf

3. Building the Emotional Intelligence of Groups: https://hbr.org/2001/03/building-the-emotional-intelligence-of-groups
4. Seven Qualities Of The Best Executive Coaches: https://www.forbes.com/sites/forbescoachescouncil/2022/07/11/seven-qualities-of-the-best-executive-coaches/
5. The Neuroscience of Trust: https://hbr.org/2017/01/the-neuroscience-of-trust
6. Principles and Techniques of Motivational Interviewing: https://www.aipc.net.au/articles/principles-and-techniques-of-motivational-interviewing/
7. How To Be An Adult – Kegan's Theory of Adult Development: https://medium.com/@NataliMorad/how-to-be-an-adult-kegans-theory-of-adult-development-d63f4311b553
8. Five Things to Look for in an Executive Coach: https://www.forbes.com/sites/forbescoachescouncil/2019/06/12/five-things-to-look-for-in-an-executive-coach/
9. Executive Coaching for the CEO: https://edainc.io/why-ceos-need-a-coach/#:~:text=Executive%20coaching%20helps%20CEOs%20grow,tactics%20and%20tools%20to%20help
10. McKinsey & Company, Leading with inner agility: https://www.mckinsey.com/business-functions/organization/our-insights/leading-with-inner-agility
11. Studie der Next Work Innovation von 2021: https://nextworkinnovation.com/studie-arbeitsunterbrechungen/

# Weitere Publikationen des Mentoren-Verlags

*»Es stellt sich an dieser Stelle die Frage, ob die menschliche Spezies grundsätzlich nach dem Prinzip ›Entweder ich oder die anderen‹ funktioniert. Waren wir schon immer so egoistisch, ohne Rücksicht auf unsere Mitmenschen, oder ist das ein unvermeidlicher Entwicklungsschritt in unserer modernen Welt?«*

Jürgen Wulff
**Die Welt ist kein Planschbecken**
Überleben unter Erwachsenen
300 Seiten
Mentoren-Media-Verlag
ISBN: 978-3-98641-048-3
€ 24,95 [DE]

Die Welt ist nicht immer so freundlich, wie wir es uns wünschen oder wie sie manchmal erscheint. Sie ist kein harmloses Planschbecken, bei dem das Schlimmste, was Ihnen passieren kann, ein paar Spritzer kaltes Wasser sind. Hinter einem höflichen Lächeln oder einem scheinbar hilfsbereiten Angebot verbirgt sich oft ein Kampf um Einfluss, Macht, Geld, Beziehungen, Image und Zeit. Hier wird ohne Zögern getrickst, gelogen, manipuliert, die Wahrheit verdreht oder sogar gedroht und bestraft. Aber bedeutet das, dass Sie in diese harte Arena einsteigen und genauso rücksichtslos kämpfen müssen, um Ihre Ziele zu erreichen? Ganz sicher nicht.

Jürgen Wulff zeigt Ihnen, wie Sie die Spiele der Erwachsenen durchschauen und Ihre eigenen Werte, Positionen und Rechte stärken. Anhand vieler praktischer Beispiele lernen Sie die besten Techniken und erprobte Strategien kennen, um in schwierigen Situationen souverän zu bestehen – ob in Konflikten mit Kollegen, als Kunde oder in Ihrem persönlichen Umfeld. Sie erfahren, wie Sie unangenehme Gesprächspartner elegant handhaben, sich in Auseinandersetzungen behaupten und unfaire Spielchen geschickt kontern. Dieses Buch ist Ihr Wegweiser, um für sich selbst einzustehen und sich nicht länger übervorteilen zu lassen.

*»Ich lade Sie ein, mit mir auf diese Reise zu gehen, auf einen ›Brain Trek‹, der verschiedene Aspekte der menschlichen Kreativität beleuchtet und der künstlichen Kreativität gegenüberstellt. Wo haben wir als Menschen noch Vorteile und wo werden wir ersetzt? Wie sehen verschiedene Expertinnen das Thema? Sehen wir das Ganze eher als Risiko, als Herausforderung oder als Chance?«*

Nils Bäumer
**Jenseits des Algorithmus**
Kreativität in der Ära von KI
272 Seiten
Mentoren-Media-Verlag
ISBN: 978-3-98641-111-4
€ 24,99 [DE]

Künstliche Intelligenz verändert unsere Arbeitswelt in bisher unvorstellbarem Ausmaß. Das bedeutet auch, Arbeitsplätze werden durch KI ersetzt und neue Berufe werden in den nächsten Jahren entstehen. Programme, wie ChatGPT oder Midjourney beeinflussen bereits jetzt unsere Art zu arbeiten und werden dies in Zukunft immer mehr tun. Die rasanten Fortschritte im Bereich Künstliche Intelligenz werfen zwangsläufig die Frage nach einer »Künstlichen Kreativität« auf.

Nils Bäumer zeigt in diesem Buch, wie die Grenzen zwischen menschlicher Kreativität und künstlicher Intelligenz verschwimmen. Ausgerüstet mit seinen neuesten Erkenntnissen über künstliche Kreativität und unterstützt durch 11 Experten, wagt der Autor einen provokanten Schritt in die Zukunft und stellt die Frage, ob künstliche Intelligenz tatsächlich vollkommen Neues erschaffen kann. Das Buch wirft einen tiefgehenden Blick auf die Unterschiede zwischen künstlicher und menschlicher Kreativität und erkundet, welche Auswirkungen dies auf unseren Alltag und unsere Arbeitswelt haben wird. Außerdem stellt Nils Bäumer die ethischen Herausforderungen dieser Revolution zur Diskussion. Kann Kreativität degenerieren, wie unser Bildungssystem gezeigt hat, oder birgt die Fusion von Mensch und Maschine auch Potenziale für eine neuartige Entfaltung der kreativen Kräfte?

Printed in Poland
by Amazon Fulfillment
Poland Sp. z o.o., Wrocław
16 November 2024

a16eb602-0c53-4a7f-9fdf-f02d244d3cf7R01